ÍNDICE

PRELIMINAR

Es una lástima, pero muy poca tinta se ha vertido en la crítica literaria e histórica sobre los manuales de caballería en España, a pesar de que una plétora de manuales militares de índole teórica existían al lado de sus parientes ficticios, las novelas de caballería, y de que, al correr de los siglos, algunos de los autores más destacados de la literatura española hayan emprendido el cultivo de este género.[1]

Una de las ironías dentro del corpus de textos que caracterizan el género es que el texto literariamente menos ambicioso y, asimismo, menos conocido, es históricamente uno de los textos más importantes con respecto a los datos que aporta para la comprensión de la ejecución práctica de la caballería. No obstante la importancia de este texto, ha permanecido inédito durante unos cuatro siglos, gozando de la distinción dudosa de pertenecer a lo que Alan Deyermond llamaría un género perdido u olvidado.[2] Así es que en este volumen se presenta por primera vez desde su publicación inicial en 1548 la *Doctrina del arte de la cauallería*, de Juan Quijada de Reayo. Es de esperar que la publicación de este opúsculo abrirá el paso a un resurgimiento en el estudio de la teoría de la caballería en la Edad Media y el Renacimiento en España.

Quisiera expresar mi más sincero agradecimiento a todas las personas que me han ayudado a presentar este trabajo. Joseph T. Snow, profesor y amigo, ha tenido la amabilidad de leer el manuscrito y ofrecerme valiosas sugerencias y enmiendas. Mi colega Carmen Saen de Casas corrigió los borradores de la introducción. Asimismo los facultativos de la 'Special Collections Library' de la Universidad de

---

1 Sobre los tratados militares en el Renacimiento en España, véase el Apéndice IV. Para la Edad Media, véanse los siguientes estudios: Sydney Anglo, 'Jousting—the Earliest Treatises', *Livrustkammaren. Journal of the Royal Armoury* (1991–1992), 3–23; Ángel Gómez Moreno, 'La caballería como tema en la literatura medieval española: tratados teóricos', *Homenaje a Pedro Sáinz Rodríguez*, (Madrid: Fundación Universitaria Española, 1986), 2 vols, II, 311–23; y Jesús D. Rodríguez Velasco, *El debate sobre la caballería en el siglo XV. La tratadística caballeresca castellana en su marco europeo* (Valladolid: Junta de Castilla y León, en prensa). El profesor Rodríguez Velasco ha tenido la amabilidad de proporcionarme una copia de este magnífico estudio, lo que le agradezco profundamente. Martín de Riquer ha estudiado en detalle la relación entre la ficción y la realidad de la caballería en España. Véanse sobre todo *Caballeros andantes españoles* (Madrid: Espasa-Calpe, 1967), y *Cavalleria fra Realtà e Letteratura nel Quattrocento* (Bari: Adriatica Editrice, 1970).

2 Alan Deyermond, 'The Lost Genre of Medieval Spanish Literature', *Hispanic Review*, XLIII (1975), 231–59.

Michigan, la Biblioteca Colombina, la Biblioteca Nacional de Madrid, la Biblioteca del Palacio Real de Madrid, y la archivera y auxiliares de la Real Armería han tenido la paciencia suficiente para soportar todas las molestias que les he ocasionado. He de agradecer también la ayuda económica que la Universidad de Georgia me proporcionó en forma de una 'Faculty Research Grant' durante el verano de 1993.

INTRODUCCIÓN

Los antecedentes literarios
de la *Doctrina del arte de la cauallería*

En el caso de la *Doctrina del arte de la cauallería* es más lícito hablar de los antecedentes literarios del texto dentro del género al que pertenece en vez de fuentes escritas concretas en las que se basan las opiniones del autor. El opúsculo de Juan Quijada de Reayo es en esencia una tentativa por parte de un guerrero consumado de poner por escrito la suma total de sus experiencias personales, de modo que es un texto que tendría vigor independientemente de sus antecedentes literarios. Se nota en seguida que Quijada no es un gran escritor, pero la falta de estilo no quita importancia a este texto dentro del género de manuales teóricos sobre la caballería, sobre todo porque la *Doctrina del arte de la cauallería* es el primer manual escrito en castellano que describe detalladamente las prácticas y técnicas idóneas para la supervivencia en el mundo hostil del campo de batalla y en el mundo, a veces antideportivo, de las lizas.

Los manuales sobre caballería en lengua vernácula en España se remontan al siglo XIII cuando en Aragón-Cataluña Ramón Llull (¿1235?–¿1316?) compuso el *Llibre de l'Orde de Cavalleria,* alrededor de 1275.[1] En este tratado Llull se centra principalmente en los aspectos religiosos de la caballería, y medita temas tales como el significado simbólico de las armas y la armadura, y la relación entre las virtudes y los vicios de la tradición bíblica (caridad, lealtad, justicia y verdad frente a enemistad, deslealtad, injuria y falsedad, etc.) y la caballería, dejando a un lado la ejecución práctica de la caballería en el combate. En Castilla, Juan Manuel (1282–1348) dedicó varias obras a la caballería, a saber, el *Libro del cauallero et del escudero* (1326), el *Libro de los Estados* (1330), y el *Libro de la cauallería* (en torno a 1330).[2] El *Libro del cauallero et del escudero* es un tratado sobre la caballería, escrito en la forma de 'una fabliella' que se basa en un diálogo filosófico entre un caballero y un escudero, diálogo que según las pistas vagas que nos ofrece el autor, podría o no tener su

---

1 Ramón Llull, *Llibre de l'Orde de Cavalleria,* ed. Marina Gustà (Barcelona: Edicions 62, 1981).

2 Juan Manuel, *Libro del cauallero et del escudero*, en *Obras completas,* ed. José Manuel Blecua (Madrid: Gredos, 1982), I, 35–116; y Juan Manuel, *Libro de los Estados*, ed. R. B. Tate e I. R. MacPherson (Oxford: Clarendon Press, 1974).

1

fundamento en la verdad histórica. Aunque la institución de la caballería constituye una parte íntegra del texto, el *Libro del cauallero et del escudero*, al igual que el *Llibre de l'Orde de Cavalleria* de Llull, es en el fondo una discusión de los aspectos religiosos de la caballería y del lugar que ocupa el caballero en el universo.[3] El *Libro de los Estados*, desde luego, es mucho más que un simple tratado sobre caballería, pero en el texto Juan Manuel comenta en parte asuntos caballerescos, ya que uno de los propósitos principales del autor es proveer una educación tanto mundana como religiosa al presunto caballero. Cabe notar, que característicamente Juan Manuel encuadra la instrucción dentro de un marco de ficción y el didactismo se desarrolla mediante un debate ficticio. Desgraciadamente el *Libro de la cauallería* se ha perdido.

Un contemporáneo de Juan Manuel es el autor francés Honoré Bouvet (fl. 1378–1398), cuyo tratado *L'Arbre des batailles*, compuesto alrededor de 1387, fue traducido al castellano dos veces en el siglo XV, por Antón de Zorita y Diego de Valera. Posteriormente las traducciones se divulgaron por la Península Ibérica.[4] *L'Arbre des batailles* es esencialmente una compilación de situaciones hipotéticas (en su mayor parte problemáticas) que tienen que ver con la caballería, a las que Bouvet propone una solución o comenta y a menudo recusa la solución aceptada con sus propias opiniones, las cuales se basan en el derecho canónico y civil.

Además de traducir a otros autores, Diego de Valera (¿1412?–1488) también compuso sus propios tratados de índole caballeresca, en particular, un breve opúsculo que se titula *Espejo de verdadera nobleza* (1441), cuyo capítulo X consiste en una discusión sobre el origen y los objetivos de la institución de la caballería, y el *Tratado de las armas* (1462–1465), en el que el autor reflexiona sobre las armas y las divisas heráldicas, además de sobre la necesaria etiqueta formal que los contrincantes deben observar en los retos y desafíos.[5] Los años

3 Véase Francisco Rico, *El pequeño mundo del hombre. Varia fortuna de una idea en la cultura española* (Madrid: Alianza, 1988), 85–90, 31–14.

4 Honoré Bouvet (Bonet), *L'Arbre des batailles*, ed. Ernest Nys (Bruselas y Leipzig: Librairie Européenne C. Muquardt, 1883). Sobre las versiones castellanas, véase Charles B. Faulhaber, *Bibliography of Old Spanish Texts* (Madison: Hispanic Seminary of Medieval Studies, 1984), números 280 (trad. Zorita), 764 (trad. Valera), 1502 (trad. Valera), 1707 (trad. Zorita), 1708 (trad. Zorita), y 1917 (trad. Zorita). Véase también Carlos Alvar, 'Traducciones francesas en el siglo XV: el caso del *Árbol de batallas* de Honoré Bouvet', *Miscellanea di Studi in onore di Aurelio Roncaglia a cinquant'anni dalla sua laurea* (Módena: Mucchi, 1989), 25–34.

5 Mosén Diego de Valera, *Espejo de verdadera nobleza*; *Tratado de las armas*, en *Prosistas castellanos del siglo XV*, ed. Mario Penna, Biblioteca de Autores Españoles, CXVI (Madrid: Rivadeneira, 1959), 89–116, 117–39, respectivamente.

turbulentos del siglo XV en España también dieron lugar al *Libro de la guerra*.[6] Este texto es una traducción parcial de *De re militari*, de Flavio Vegecio, y se trata de un bosquejo de ciertas estrategias y tácticas para luchar con éxito en el campo de batalla. Así pues, hasta mediados del siglo XV los manuales militares suelen limitarse a la discusión de un solo aspecto de la institución de la caballería, ya sea la guerra, la heráldica, o el fundamento religioso de la institución.

El estudio atinado que merecía la caballería se aplazó hasta 1444. Alrededor de esta fecha, Alfonso de Cartagena (1384–1456), obispo de Burgos desde 1435, compuso el *Doctrinal de los caualleros*, el tratado más extenso del siglo XV sobre caballería.[7] Esta 'copilaçion de leyes' es efectivamente una antología de todas las leyes de Castilla que versan sobre la caballería. En su mayor parte el texto se inspira en *Las Siete Partidas* de Alfonso X, e incluye también una transcripción completa del *Libro de la Orden de la Banda de Castilla* (1330) de Alfonso XI.[8] El tratado consta de cuatro libros, en los cuales Cartagena bosqueja las leyes de la caballería y agrega sus propias introducciones e interpretaciones de estas leyes tal y como se aplican a los caballeros castellanos y a los vasallos de éstos en la sociedad castellana del siglo XV. Predomina la discusión de las leyes de la caballería y la política de la institución, y el autor se ocupa sólo tangencialmente de los arreos del caballero y de los detalles técnicos en cuanto al uso apropiado de la espada y la lanza en el combate. En el prólogo del primer libro Cartagena advierte a Diego Gómez de Sandoval, el noble caballero de la corte de Juan II que comisionó la obra, que 'la fortaleza fue loada e la couardia denostada, mas fazese aun mas loable este vuestro proposito porque primero quesistes poner en platica las buenas doctrinas de la caualleria que aprender la theorica dellas, lo qual si es asi yo callare, mas diganlo aquellos que se açertaron en las çercas de las villas e en las batallas campales'.[9] Según Cartagena, las armas y la armadura representan la caballería en su

6 Lucas de Torre, 'Enrique de Villena. *El libro de la guerra*', *Revue Hispanique*, XXXVIII (1916), 497–531.

7 Véase Noel Fallows, *The Chivalric Vision of Alfonso de Cartagena: Study and Edition of the 'Doctrinal de los caualleros'* (Newark, Del.: Juan de la Cuesta, 1995).

8 Para la historia de esta orden véase D'Arcy Jonathan Dacre Boulton, *The Knights of the Crown: The Monarchical Orders of Knighthood in Later Medieval Europe, 1325–1520* (Nueva York: St Martin's Press, 1987), 46–95. Hay tres ediciones de las reglas de la orden: Alfonso Ceballos-Escalera y Gila, *La orden y divisa de la Banda Real de Castilla* (Madrid: Prensa y Ediciones Iberoamericanas, 1993); Georges Daumet, 'L'Ordre castillan de l'Écharpe (Banda)', *Bulletin Hispanique*, XXV (1923), 5–32; y Lorenzo Tadeo Villanueva, 'Memoria sobre la orden de caballería de la Banda de Castilla', *Boletín de la Real Academia de la Historia*, LXXII (1918), 436–65, 552–74.

9 Fallows, *The Chivalric Vision*, 84.

forma más primitiva; y de mayor importancia es la obligación moral que tienen los caballeros de defender la fe católica y ensanchar los términos de los reinos de la cristiandad.

No obstante esta opinión, Cartagena sí entiende que la vida de los caballeros es una vida ardua, precisamente porque existe una proliferación de ideas falsas sobre la profesión de caballero. Estas percepciones se deben a la abundancia de ficción caballeresca y, al menos en parte, a los mismos caballeros, quienes a menudo se esfuerzan en glorificar su profesión y perpetuar el mito de que los caballeros de la realidad no son tan distintos de los de la ficción. El más célebre vestigio de esta actitud es el 'Paso honroso', del caballero leonés Suero de Quiñones, que se celebró en junio de 1434 en el puente de Órbigo, próximo a León. Durante treinta días, sesenta y ocho caballeros lucharon en el torneo 'por amor de sus damas', y toda la acción fue registrada minuciosamente para la posteridad por Don Pero Rodríguez de Lena, autor de *El passo honroso de Suero de Quiñones*.[10] Aunque este texto no describe los métodos de justar, sirve como un complemento útil de los tratados teóricos sobre caballería porque describe en detalle los resultados de los encuentros entre los contrincantes que participaban en el paso. Sin embargo, según el pensamiento de Alfonso de Cartagena, este tipo de actividad es frívolo, y es un abuso de la fuerza y la destreza de los combatientes, lo cual socava la institución de la caballería:

> Mas que diremosnos que veemos el rreyno lleno de platas e de guardabraços e estar en paz los de Granada, e el fermoso meneo de las armas exerçitarse en ayuntar huestes contra los parientes e contra los que deuian ser amigos, o en justas o en torrneos, de lo qual lo vno es aborresçible e abominable e cosa que trae desonrra e destruyçion, lo otro vn juego o ensaye[11] mas non prinçipal acto de la cauallería.[12]

La justa, sigue precisando el autor, enfrenta cristiano contra cristiano y por consiguiente es emblemática de la guerra civil y de todas las disputas dinásticas que había en la España del siglo XV. Además, dice Cartagena, 'a las vezes el buen torrneador es temeroso e couarde batallador'.[13] De modo que Alfonso de Cartagena es uno de

---

10 Pero Rodríguez de Lena, *El passo honroso de Suero de Quiñones*, ed. Amancio Labandeira Fernández (Madrid: Fundación Universitaria Española, 1977). La cita es de la pág. 410.

11 ensaye] 'Acción y efecto de ensayar ... Probar a hacer una cosa para ejecutarla después más perfectamente o para no extrañarla' (*DRAE*).

12 Fallows, *The Chivalric Vision*, 255.

13 Fallows, *The Chivalric Vision*, 255.

los pocos autores de la Edad Media y el Renacimiento que amonesta abiertamente a los que participan en las justas y los torneos. Como una alternativa prudente, Cartagena sugiere que si los caballeros castellanos sienten la necesidad de pelear en justas, deben hacerlo dentro de los confines rígidos y estructurados de las órdenes militares, específicamente la Orden de la Banda de Castilla, y por esta razón incluye una transcripción de las reglas de la orden en el *Doctrinal de los caualleros*. Significativamente las reglas incluyen sólo una breve mención de las justas al final del texto porque, según la Orden de la Banda, esta actividad es de una importancia secundaria frente a las otras disciplinas que el caballero debe observar, tales como la promoción de la fe cristiana, de la lealtad al rey y de la fraternidad entre los otros miembros de la orden.

Huelga decir que si hay muchas diferencias entre la percepción moral de Alfonso de Cartagena y la de otros autores contemporáneos sobre la caballería, también hay al menos un aspecto que todos tienen en común: esto es, que todos los autores anteriores a Juan Quijada de Reayo ofrecen sus opiniones—ya sean positivas ya sean negativas— sobre el papel que desempeñan las justas en la vida caballeresca, pero irónicamente ninguno de los tratados militares que anteceden a la *Doctrina del arte de la cauallería* se dedica a la discusión de la simple ejecución práctica de las armas, que tanto aborrecía Alfonso de Cartagena. De este modo la *Doctrina del arte de la cauallería* se diferencia radicalmente de los tratados teóricos anteriores, porque se trata de un texto en el cual el autor no pretende ofrecer una moral de la caballería sino aportar información práctica de suma importancia para la supervivencia en las lizas y en el campo de batalla, lo cual hace mediante su explicación de los métodos más adecuados de manejar la lanza y la espada.

La dedicatoria de la *Doctrina del arte de la cauallería*

En 1548 Juan Quijada de Reayo, según consta en el breve párrafo dedicatorio del texto, estaba al servicio de Don Beltrán de la Cueva (muerto en 1559), tercer duque de Alburquerque, hijo de Don Francisco Fernández de la Cueva, el segundo duque. El texto está dedicado al tercer duque, quien en 1548 ya había acompañado al Emperador en varias campañas militares y se había distinguido sobre todo como un guerrero heroico y un estratega prudente. Tanto el padre como el hijo destacaban por sus habilidades en asuntos bélicos. En la batalla de Tordesillas (1520), por ejemplo, Don Francisco Fernández destacó por su destreza militar y aunque fue herido por una pedrada en el rostro, siguió luchando con valentía hasta los últimos momentos de la batalla.[14] Y en el cerco de Dura (1543), dada la temeridad y la imprudencia del ataque (los enemigos llevaban todas las ventajas, no sólo en términos numéricos sino también en términos estratégicos, ya que estaban defendiendo una ciudad fortificada), el segundo duque aconsejó al Emperador que retirasen las tropas españolas porque estaban recibiendo mucho daño de los constantes ataques del enemigo; y aunque el Emperador no hizo caso alguno a este consejo y los españoles triunfaron, el cerco adquirió cierta notoriedad posterior debido precisamente a la cantidad de soldados y caballeros españoles que perecieron en nombre de la victoria.[15]

Asimismo la valentía, si no la astucia, de Don Beltrán de la Cueva se confirma cuando, por ejemplo, se arriesgó para prender a unos caballeros franceses en las afueras de Pamplona durante la campaña en Navarra de 1521, acción que impresionó tanto al Emperador que poco después Don Beltrán llegó a ser Capitán General de las tropas españolas en esta misma campaña contra el rey francés. Tras adquirir esta nueva responsabilidad Don Beltrán no tardó en dar prueba de su verdadera capacidad, orquestando y dirigiendo el saqueo de San Juan de Luz en 1522.[16]

Irónicamente, mientras la vida profesional de Beltrán de la Cueva se caracterizó por los constantes triunfos militares, su vida familiar estuvo plagada de una serie de pérdidas y tragedias. La complicada historia de su consecución de la herencia ducal se transformó en objeto de curiosidad para Luis Zapata, autor de una *Miscelánea*, quien había conocido personalmente a Don Beltrán, y quien, a base de los múltiples infortunios coincidentes en su vida familiar, se servía del caso de la sucesión complicada de Beltrán de la Cueva como duque para ejemplificar cuán fortuitas son las peripecias de la vida humana. Reflexiona el autor:

> Yo pienso que el desear los hombres las herencias se las hace desviar, y que el que desea la muerte a otro abrevia la suya, y dice al otro misas de salud; y jamás vi ser uno temprano heredero de su padre, sino el que no le pasó por el pensamiento

---

14 Véanse Pedro Mexía, *Historia del Emperador Carlos V*, ed. Juan de Mata Carriazo, *Colección de Crónicas Españolas*, VII (Madrid: Espasa-Calpe, 1945), 214; y Fray Prudencio de Sandoval, *Historia de la vida y hechos del Emperador Carlos V*, ed. Carlos Seco Serrano, Biblioteca de Autores Españoles, LXXX–LXXXII (Madrid: Rivadeneira, 1955), 3 vols, I, 368a.

15 Para los detalles del cerco, véase Alonso de Santa Cruz, *Crónica del Emperador Carlos V*, ed. Ricardo Beltrán y Rózpide y Antonio Blázquez y Delgado-Aguilera (Madrid: Imprenta de Huérfanos de Intendencia e Intervención Militar, 1920–1925), 5 vols, IV, 248–49.

16 Véanse Mexía, *Historia del Emperador Carlos V*, 271; y Sandoval, *Historia de la vida y hechos del Emperador Carlos V*, I, 464ab; II, 8a.

de desearlo. ¿Cómo vino a ser duque de Alburquerque Don Beltrán de la Cueva, tercero de este nombre en su casa? Muriéndose sin se acordar él de ello, doce u trece antecesores sin él imaginarlo: murió el duque Don Beltrán, virey de Navarra, su tío, una persona muy señalada; murieron sus tíos Don Pedro de la Cueva, Comendador mayor de Alcántara, y el cardenal de la Cueva y el obispo de Jaén, y don Luis de la Cueva, capitán de la guardia del Emperador, y dos hijos suyos, y Don Francisco de la Cueva, su mismo padre, y otros dos sus hermanos mayores; y volviendo a la raíz del árbol el marqués de Cuéllar, hijo de Don Beltrán, que casó con hija de Antonio de Leiva y Don Gabriel de la Cueva, su hermano segundo, gobernador de Milán, y una hija del dicho Don Gabriel, tras los que poseyó el ducado de Alburquerque, con mucho valor y bondad.[17]

Finalmente, en 1525, tras una tragedia más—la muerte de su tío abuelo Don Diego de la Cueva—Don Beltrán accedió al título de duque.

El renombre del título que Beltrán de la Cueva, tercer duque de Alburquerque, había heredado de su padre llegó a su apogeo cuatro años antes de que comisionara la *Doctrina del arte de la cauallería*, es decir en 1544, cuando, en gran parte por industria suya, las fuerzas combinadas del ejército español y el ejército inglés bajo el mando de Enrique VIII volvieron a arrebatar la ciudad de Bolonia al rey Francisco I. Característicamente Don Beltrán desempeñó un papel fundamental en la instrumentación del cerco de la ciudad, quedando así con altísima reputación en Inglaterra, y posteriormente la fama del duque era tal que el rey Enrique solicitó del Emperador que le permitiera hacerlo general de las tropas inglesas en esta campaña. Por lo tanto Don Beltrán tiene la distinción rarísima de ser uno de los pocos españoles en la historia en encabezar un ejército inglés.[18] Así pues, tras la victoria de Bolonia sus habilidades como táctico cabal a nivel personal cambiaron la percepción que tenía el monarca inglés de los soldados españoles en Europa, y por otra parte, a nivel internacional, sus acciones reforzaron positivamente la reputación de los españoles en el extranjero, lo cual, a su vez, era de suma utilidad para la prez y la dignidad del Emperador Carlos V.

Efectivamente, en la semblanza de Beltrán de la Cueva que aparece

17 Luis Zapata, *Miscelánea*, en *Memorial Histórico Español: Colección de Documentos, Opúsculos y Antigüedades*, XI (Madrid: Real Academia de la Historia, 1859), 86–87.

18 Para los detalles del cerco de Bolonia, véase Sandoval, *Historia de la vida y hechos del Emperador Carlos V*, III, 206a.

en el *Nobiliario* (1622) de Alonso López de Haro (Apéndice I), el tercer duque de Alburquerque reluce tanto por su cordura como por sus ilustres hazañas militares. Siendo hijo primogénito de una familia de guerreros y estrategas prudentes, fue apropiado que Don Beltrán mandara componer este manual a beneficio de su hijo, para que éste pudiera aprender de un maestro, sacando fruto de toda una vida de experiencias militares.

El autor

La España del siglo XVI, en pleno renacimiento, había llegado a ser una de las fuerzas más poderosas en el ámbito político occidental. Ya en 1530, unos dieciocho años antes de la fecha de publicación del texto que se presenta a continuación en este volumen, el rey Carlos I había sido proclamado el Sacro Emperador Romano (Rey de Romanos, 1520; Emperador, 1530), y, mediante las múltiples campañas militares y conquistas iniciadas desde la corte del monarca peripatético, España había sojuzgado nuevos terrenos con una velocidad alarmante, ensanchando así los términos del Sacro Imperio hasta los rincones más oscuros y remotos de Europa y el Nuevo Mundo. Tanto en las fuerzas armadas de la Península como en las del Nuevo Mundo, el guerrero había llegado al apogeo de su poder: en tiempos de paz participaba enérgicamente en las justas y torneos suntuosos que se celebraban con frecuencia en todas partes de Europa, y en tiempos de guerra luchaba desenfrenadamente por el bien común del imperio.

Entre el ambiente bélico que caracterizaba esta época, Juan Quijada de Reayo escribió la *Doctrina del arte de la cauallería*, 'opúsculo rarísimo', según Antonio Palau y Dulcet, y texto idóneo, si no fundamental, para el caballero ambicioso y deseoso de tener éxito en el campo de batalla y en la liza.[19] Como sucede a menudo con muchos personajes del Medievo y el Renacimiento, grandes y menores, nada sabríamos de Juan Quijada de Reayo, a no ser por las escasas noticias que él mismo nos proporciona en esta obra, y por las crónicas contemporáneas, que ofrecen unos cuantos pormenores más sobre su vida.

Con respecto al texto, sabemos que el autor no sólo participaba activamente en las justas sino que también era un espectador aficionado a ellas, pues en el capítulo 3 explica al lector que había

19 Antonio Palau y Dulcet, *Manual del librero hispanoamericano* (Barcelona: Librería Palau, 1948–1977), 28 vols. Véase vol. XIV (1962), 450b. Véase también Cristóbal Pérez Pastor, *La imprenta en Medina del Campo* (Madrid: Rivadeneyra, 1895), 52b–53a.

visto a más de cuatro caballeros que perecieron en las lizas.[20] Tras
hojear las crónicas de la época se encuentra un relato amplio de una de
las justas a las que alude Quijada en este capítulo. Se trata de un
desafío entre Jerónimo de Ansa y Pedro de Torrellas que tuvo lugar en
Valladolid en 1522 (Apéndice II). Según el cronista, Fray Prudencio
de Sandoval, estos dos caballeros pelearon ante el rey y la corte, y el
duque de Alburquerque, a cuyo servicio estaba Juan Quijada de
Reayo, fue uno de los partidarios de Pedro de Torrellas. El desafío era
especialmente brutal y en su delirio ambos contrincantes, Pedro de
Torrellas y Jerónimo de Ansa, perdieron de vista el espíritu lúdico del
juego de armas, y exhibieron una conducta antideportiva, poco digna
de su noble crianza. Sin embargo, la descripción de Sandoval difiere de
la de Quijada, ya que según Sandoval nadie murió en la pelea aunque
era verdad que durante los primeros encuentros Torrellas le dio a
Ansa un martillazo tremendo en la cabeza, 'que le hizo volver algo
atrás aturdido'.

La brutalidad desenfrenada de los dos contrincantes repugnó al
rey, y tal vez sea posible que provocara una reacción parecida en
nuestro autor, quien no se quedó en la plaza para presenciar el infeliz
resultado del desafío, habiendo ya dado por sentado que Jerónimo de
Ansa estaba tan gravemente herido que pronto perdería no sólo el
combate sino también su vida. Lo que se puede afirmar con seguridad
es que este acontecimiento y la conducta de los dos caballeros le
impresionó tanto a Quijada que no sólo lo incorporó a su opúsculo
sobre la caballería, sino que también dedicó gran parte del texto al
desarrollo de métodos específicos para evitar semejantes desastres
sangrientos en los juegos de armas.

20 La mayoría de los caballeros y miembros de la corte en el Medievo y el
Renacimiento eran aficionados a los torneos. La motivación de los espectadores, sin
embargo, no era siempre virtuosa o artística y a menudo la violencia del espectáculo
constituía el aspecto más atractivo. Asimismo, algunos caballeros—el Duque de
Urbino, Federigo de Montefeltro (1422–1482), es un notable ejemplo—estaban
orgullosos de las desfiguraciones producidas por la práctica de este deporte. Sobre los
jóvenes caballeros que participaban en las justas, dice Georges Duby: 'Dedicated to
violence, "youth" was the instrument of aggression and tumult in knightly society,
but in consequence it was always in danger: it was aggressive and brutal in habit and
it was to have its ranks decimated . . . Death continually claimed many victims and
sometimes the entire offspring of a family could be cut down' (Georges Duby, *The
Chivalrous Society*, trad. Cynthia Postan [Berkeley: University of California Press,
1980], 115–16). En las *Confesiones* (VI, 7–8) San Agustín describe con una
elocuencia perversa el dilema moral (¿la patología?) del aficionado a los espectáculos
violentos. Véase, por ejemplo, la siguiente descripción de la reacción de un espectador
al presenciar la muerte de un gladiador en el circo máximo de Roma: 'Ut enim vidit
illum sanguinem, inmanitatem simul ebibit et non se avertit, sed fixit aspectum et
hauriebat furias et nesciebat et delectabatur scelere certaminis et cruenta voluptate
inebriabatur' (*Confessiones*, ed. M. Skutella [Stuttgart: Teubner, 1969], 112).

Los pocos datos que podemos recoger de las crónicas confirman que además de ser espectador Juan Quijada de Reayo fue uno de los caballeros más diestros y respetados de su generación. En agosto de 1549, por ejemplo, casi un año después de la publicación de su opúsculo, Quijada participó en unos torneos y justas que se celebraron en la villa de Binche en honor del Emperador y el príncipe Felipe. Sabemos que en esta ocasión Quijada ya era mayor, dato que él mismo nos proporciona en el párrafo dedicatorio del texto (ll. 4–5). En un artículo seminal, Creighton Gilbert determinó que en el Renacimiento la expectativa de vida fluctuaba entre los 40 o 50 años de edad (tal vez menos en el caso de los guerreros).[21] Partiendo de esta teoría, podríamos calcular provisionalmente que Quijada nació en torno a 1499–1509. Por lo tanto, que fuese activo físicamente, siendo ya 'viejo' (la palabra es suya) no habría sido tanto una 'anormalidad'—según Fernán Pérez de Guzmán, por ejemplo, Don Diego Gómez de Sandoval, patrón del *Doctrinal de los caualleros*, peleó en la batalla de Olmedo (19 de mayo de 1445) cuando tenía cincuenta y nueve años—como algo excepcional, sobre todo porque la edad avanzada del guerrero aparentemente no impidió su participación en los deportes o el combate.[22]

En el primer torneo de Binche, Juan Quijada salió en la primera cuadrilla de diez caballeros, entre ellos el Príncipe de Piamonte, el Conde de Masent, el Conde de Mega, Monsieur de Hobremonte, Monsieur de Norcarisnen, el Barón de Coblagri, Monsieur de Pelu, Don Juan de Acuña, y Don Gaspar de Robles.[23] Las reglas del torneo exigían que los contendientes combatieran con toda una gama de armas, a saber, pica, espada, lanza y hacha (Lámina II), siguiendo siempre una serie de principios técnicos rígidos. Lucharon, pues, según las siguientes normas:

---

21 Creighton Gilbert, 'When Did a Man in the Renaissance Grow Old?', *Studies in the Renaissance*, XIV (1967), 7–32.

22 Sobre Diego Gómez de Sandoval, véase Fernán Pérez de Guzmán, *Generaciones y semblanzas*, ed. Robert Brian Tate (Londres: Tamesis, 1965), 28. Asimismo el caballero castellano, Don Pero Niño, participó en las justas que se celebraron en Valladolid en 1428, a los cincuenta años de edad. Véase Gutierre Díaz de Games, *El Victorial*, ed. Rafael Beltrán Llavador (Madrid: Taurus, 1994), 516.

23 Véase Santa Cruz, *Crónica del Emperador Carlos V*, V, 267. Cf. también Jerónimo Cabanillas, *Relación muy verdadera de las grandes fiestas que la serenísima Reina doña María ha hecho al Príncipe nuestro señor en Flandes, en un lugar que se dice Vince, desde XXII de agosto hasta el postrero día del mes* (Medina del Campo: Juan Rodríguez, 1549). Este texto ha sido editado por Amalio Huarte, ed. *Relaciones de los reinados de Carlos V y Felipe II* (Madrid: Sociedad de Bibliófilos Españoles, 1941–1950), 2 vols, II, 199–221. Véase sobre todo la página 211. Cito por la versión de Santa Cruz.

De la pica tres golpes, de la espada siete, espada de dos manos y de ella siete golpes, lanza con rogadiza, hacha o salvajina, y de ésta siete golpes, lanza de armas y de ella un golpe, del tercio postrero de esta lanza, que es lo mismo que grueso, siete golpes.[24]

En el banquete que se convocó después de la pelea con motivo de otorgar los 'precios'[25] a los caballeros vencedores, en presencia del Emperador y su corte, dos miembros de la primera cuadrilla se distinguieron por su habilidad en el manejo de las armas: a Gaspar de Robles le dieron el precio del hacha de armas, y a Juan Quijada, el de la espada. Consta, desde luego, que este último fue uno de los honores más codiciados en una época en la que, en un sentido pragmático, el arte de la esgrima constituía el eje y fundamento del combate cuerpo a cuerpo y cuando en un sentido simbólico la espada, por su parecido con la Cruz Sagrada, fue el emblema por excelencia de la misión espiritual del caballero de ensanchar los reinos de la Cristiandad.[26]

Esta primera serie de encuentros sirvió como práctica para los grandes torneos que se celebraron al día siguiente, el 25 de agosto de 1549. Estos juegos de armas, que sin duda fueron inspirados por las aventuras de los caballeros que nutrían la ficción popular—en este caso las aventuras de los caballeros de la tabla redonda—, tenían por título 'la ventura de la espada encantada' y se basaban en una serie de pasos que se iban haciendo cada vez más desafiantes, y cuyo objetivo principal era llegar al 'Castillo Tenebroso', castillo que mandó edificar la reina Doña María en un valle cerca de la corte. Junto a este castillo había una isla—la 'Isla Venturosa'—que cerca del castillo tenía una peña grande sobre la cual estaba un padrón rojo en el que estaba metida una espada de manera que por una parte del padrón se veía la empuñadura de la espada y por la otra parte se veía la punta.[27]

24 Santa Cruz, *Crónica del Emperador Carlos V*, V, 267.

25 Según la terminología particular de la caballería, el precio era el 'premio o prez que se ganaba en las justas' (*DRAE*).

26 La forma geométrica de la espada se presta fácilmente a una comparación con la Cruz. Ya desde el siglo XIII en los tratados teóricos escritos en lengua vernácula en la Península Ibérica la espada fue loada como el emblema por antonomasia de la misión espiritual del caballero. Véase, por ejemplo, Ramón Llull, *Llibre de l'Orde de Cavalleria*, capítulo 5: 'A cavaller és donada espaa, qui és feta en semblança de creu, a significar que enaixí con nostro senyor Jesucrist vencé en la creu la mort en la qual érem caüts per lo pecat de nòstron pare Adam, enaixí cavaller deu vençre e destruir los enemics de la creu ab l'espaa' (69). Véase también Juan Manuel: 'Et esta espada sinifica tres cosas: la primera, fortaleza, por que es de fierro; la segunda, justiçia, por que corta de amas las partes; la terçera, la cruz' (*Libro de las armas*, en *Obras completas*, ed. José Manuel Blecua [Madrid: Gredos, 1982], 2 vols, I, 117–40, en la pág. 124).

27 Santa Cruz, *Crónica del Emperador Carlos V*, V, 270.

Para llegar a la isla, subir a la peña y recoger la espada los combatientes tenían que superar una serie de pasos arduos y difíciles, lidiando y combatiendo con otros caballeros cuyo objetivo principal era proteger la espada. Entre los combatientes que lograron alcanzar la isla, se destaca Juan Quijada de Reayo, y no nos debe sorprender que uno de los primeros caballeros que lograra superar todos los obstáculos, vencer la oposición, y cobrar la espada, fuera nuestro autor, hazaña digna de no poco honor, proeza que da fe de su destreza militar y de su aptitud como una autoridad en asuntos caballerescos.

El texto: algunas consideraciones generales

Desgraciadamente, Juan Quijada de Reayo no escribía con la misma fluidez y destreza de que se servía para luchar en guerras y torneos, y su estilo se caracteriza por ser desmañado y tosco: llega a confundir el tratamiento de tú y usted, por ejemplo, de manera que hay cambios constantes en el transcurso del texto de una forma a otra, según se le antoja al autor. Pero la *Doctrina del arte de la cauallería* no pretende ser más que un manual de instrucción básica, una guía para la supervivencia en el campo de batalla y la liza, los dos escenarios más peligrosos en el mundo caballeresco-militar. No cabe duda, desde luego, que entre las hazañas que se presenciaron en la aventura de la espada encantada y los rigores del combate, por una parte, y la transcripción y explicación de la feliz ejecución de estas hazañas por otra, hay mucho trecho, y el mismo autor, consciente tal vez de sus limitaciones, reconoce que escribe 'so corrección de otros caualleros que lo saben mejor hazer y dezir' (ll. 6–7).

El texto consta de seis capítulos, los tres primeros de los cuales establecen la teoría sobre la que se basa la instrucción y describen el equipo del caballero. Así, el primer capítulo versa sobre la silla de montar. Según Luis Zapata, cuyas observaciones sobre la caballería salieron a la luz unos treinta y cuatro años después de las de Quijada, 'la postura del caballero consiste en la silla' (Apéndice III). Tanto Quijada como Zapata están de acuerdo en que la silla, efectivamente, no debe impedir la cabalgada y en que el buen caballero debe montar como si estuviese de pie, como se ve claramente en la portada de la *Doctrina del arte de la cauallería* (Lámina I). De hecho la silla debe ser un poco más elevada por detrás que por delante, ya que siendo el impacto del encuentro una combinación del peso del caballo y del caballero, este tipo de silla estabilizaría al jinete sobre el caballo; y dada también la postura del caballero en la silla—'has de caer tan derechamente en la silla como si estuuiesses delante del rey en pie' (ll. 54–55), precisa el autor—, los estribos proveerían el soporte lateral necesario para disminuir el impacto del encuentro. Se trata, pues, de una definición de la caballería 'a la estradiota'. En su propia definición del término, Sebastián de Covarrubias explica que la estradiota es 'un género de cavallería de que usan en la guerra los hombres de armas, los quales llevan los estrivos largos, tendidas las piernas, las sillas con borrenes, do encaxan los muslos, y los frenos de los cavallos con las camas largas'.[28] Quijada de Reayo es el primer autor español que da testimonio en forma escrita de la manera precisa en que se cabalga a la estradiota, y describe técnicas que hasta este momento todo caballero español había aprendido tan sólo de palabra.

Aunque la estradiota tenía sus ventajas en plena batalla campal y también en las justas y torneos, en otras ocasiones, tales como las campañas africanas del Emperador en Túnez y las batallas fronterizas del siglo anterior, las consecuencias de la estradiota podrían ser catastróficas. Bajo el sol ardiente del sur de Andalucía y del norte de África, y considerando también la parcialidad musulmana hacia las estrategias y tácticas de ataque repentino, el peso de la armadura de los caballeros cristianos podría entorpecer al caballo y asfixiar al caballero, dificultando su mejor eficacia como combatiente en la guerra. En palabras de Alonso de Palencia:

> El sistema de guerra que estos [los musulmanes] adoptaron consistió en presidiar sus villas, todas ya muy fuertes por naturaleza, y defenderse en las murallas, mientras no se presentase oportunidad de sorprender con la caballería a los desprevenidos o de trabar escaramuzas. Es este un género de combate que antes debe huirse que empeñarse con los moros; estando prescrito a nuestros veteranos que, a no ser forzados, no traben escaramuza con los granadinos, los cuales, aun después de rotas sus filas, reciben ligerísimo daño, puesto que por la costumbre de rehacerse rápidamente, y por la destreza y agilidad de los caballos, fórmanse de nuevo, según la ocasión o el lugar lo exigen, y hasta huyendo, hostigan al enemigo en cuña, en ala o en corona.[29]

A pesar de las ventajas de cabalgar a la jineta, hasta 1551 se asociaba con la amenaza musulmana, y por razones jingoístas la jineta era digna sólo de desprecio. La realidad de la devastación que habían efectuado los jinetes musulmanes, tanto en el siglo XVI como

---

28 Sebastián de Covarrubias Horozco, *Tesoro de la Lengua Castellana o Española*, ed. Martín de Riquer (Barcelona: S. A. Horta I. E., 1943).

29 Alonso de Palencia, *Crónica de Enrique IV*, ed. Antonio Paz y Meliá, Biblioteca de Autores Españoles, CCLVII (Madrid: Rivadeneira, 1973), 70a.

en el siglo anterior, ayuda a explicar cómo se había desprestigiado esta manera de cabalgar entre los teóricos. Uno de los pocos caballeros cristianos antes de 1551 que prefería la jineta a la estradiota fue Enrique IV, 'el Impotente', y por su preferencia este monarca fue víctima de los siguientes (característicos) vituperios de Alonso de Palencia:

> Don Enrique [. . .] con unos cuantos jinetes recorría los campos, armado también a la ligera, con desprecio de la antigua disciplina que prohibe la jineta, no sólo a nuestros Reyes y Generales, sino a todos los Caballeros de Castilla, do quiera que se hallen, exceptuando sólo a los que residen en Andalucía.[30]

Tres años después de la publicación de la *Doctrina del arte de la cauallería*, Hernán Chacón publicó el *Tractado de la cauallería de la gineta* (Sevilla: Cristóbal Álvarez, 1551), un opúsculo que constituye

---

30 Palencia, *Crónica de Enrique IV*, 71b. Aunque sea verdad, como afirma Alonso de Palencia, que había jinetes en el ejército español en Andalucía, su función primaria durante la guerra era atajar el paso al enemigo, constituyendo así una especie de vanguardia que preparaba el terreno para el avance de la caballería pesada. Sobre la distinción entre jinetes y 'hombres de armas', véanse las observaciones de Alfonso de Cartagena, en el 'Discurso pronunciado . . . en el Concilio de Basilea acerca del derecho de precedencia del Rey de Castilla sobre el Rey de Inglaterra' (1434): 'E para guerra de tierra tiene omes de armas guarnidos de notables cauallos e muy fuertes armaduras. E tiene esso mesmo caualleros ginetes, los quales husan de armas moriscas, e perssiguen los enemigos con marauillosa ligeresa e corren la tierra dellos. E des que han destruydo e talado tornanse a la batalla de los omes de armas' (en *La Ciudad de Dios*, XXXV (1894): 122–29, 211–17, 337–53, 523–42, en la pág. 330). Véase también la siguiente descripción de las actividades preparatorias para el cerco de Ronda en 1408: 'E entonçes quiso saber qué gente heran, e falló que heran todos sesenta e seis de cauallo, los veinte e nueve omes de armas e los treinta e siete ginetes. E díxoles: "Señores, asaz gente sodes quanto para yr a correr a Ronda, que ay está poca gente de cauallo". E partieron dende jueves quinze días de março, e llegaron todos al Mercadillo de Ronda. E quedó allí Fernand Arias con gente de armas, e mandó a los ginetes yr correr a Ronda, e que matasen los moros que fallasen en el campo. Los ginetes fiziéronlo ansí, e corriendo por el campo fallaron omes de pie moros, e diz que mataron vnos treinta moros, a vista de Fernand Arias'. En Alvar García de Santa María, *Crónica de Juan II de Castilla*, ed. Juan de Mata Carriazo (Madrid: Real Academia de la Historia, 1982), 226–27. La jineta se asociaba con la cultura árabe al menos hasta el siglo XVII. Véase Covarrubias, *Tesoro de la Lengua Castellana o Española*: el jinete, dice, cabalga 'recogidos los pies con estribos cortos, que no baxan de la barriga del cavallo. Esta es propia cavallería de aláraves, los quales vienen desnudos de piernas y braços, arremangada la manga de la camisa, y sin ninguna otra arma dura en el cuerpo, con sus turbantes en la cabeça y su alfange o cimitarra colgando del hombro en el tahalí'.

una refutación de la teoría aceptada de cabalgar.[31] Chacón era andaluz—nació en Úbeda—y desde niño se había familiarizado con la cultura árabe y la caballería preferida de esta cultura. Al igual que Quijada, escribe basándose en la experiencia ('lo que he visto y prouado por experiencia' [fº aiiiʳ]), y su propósito principal en el texto es volver a introducir la jineta a un público cristiano: de este modo se encendió el debate entre los partidarios de la jineta y los de la estradiota en los siglos XVI y XVII.[32] Hasta la publicación de este tratado, sin embargo, la estradiota había obtenido la aprobación incondicional de los teóricos españoles y se asociaba íntimamente con el hombre de armas castellano.

El segundo capítulo explica la teoría del texto: para Quijada el aprendizaje se basa en la práctica—'uso haze maestro' (l. 64), dice—y lo más importante es que el caballero tenga un buen padrino que le pueda demostrar las técnicas de la caballería. Sobre todo—y de nuevo Zapata concuerda con esta opinión, agregando una nota sobre los mejores tipos de caballo—, el caballero novel debe aprender a conocer a su caballo y a tener paciencia con él. Además, Quijada nos proporciona una lista de los errores más comunes que resultan del mal uso de la lanza: en particular se refiere a la 'calada' y la 'santiguada', esto es, 'menear la lança de arriba para baxo y de abaxo para arriba en la carrera', y 'menear la lança a man derecha y a man hizquierda' (ll. 257–59). Para enmendar una calada Quijada recomienda que el caballero novel encaje el cabo de la manija de la lanza firmemente en el ristre, bajándola paulatinamente antes del momento del encuentro (ll. 88–89). Esta táctica es también la que recomienda Luis Zapata (Apéndice III). El detalle es importante, y Quijada lo repite en el cuarto capítulo (ll. 220–21), recalcando la instrucción mediante la siguiente frase lapidaria: 'lo que es al ristre vn dedo es al borne dos palmos' (ll. 209–10). Asimismo, para evitar una santiguada sugiere que el caballero sujete la lanza (en la mano derecha) de manera que caiga sobre la oreja izquierda del caballo. En fin, que para dar con el blanco el caballero novel, además de cabalgar tiene que aprender a

---

31 Existe una edición facsímil de este texto con un breve epílogo de Eugenio Asensio. Véase Hernán Chacón, *Tractado de la cauallería de la gineta*, ed. facsímil (Madrid: Bibliófilos Madrileños, 1950). En el colofón Chacón dice que redactó el libro en 1546. En la actualidad preparo una edición crítica de este texto, que espero publicar en fecha próxima.

32 Sobre la jineta vs. la estradiota, puede verse Noel Fallows, 'Un debate caballeresco del Renacimiento español: "caballeros estradiotes" y "caballeros jinetes" ', *Ínsula* (agosto–septiembre 1995), núms 584–85, 15–17. Véase también, Marqués de la Torrecilla, *Libros, escritos o tratados de equitación, jineta, brida, albeitería, etc. Índice de bibliografía hípica española y portuguesa* (Madrid: Rivadeneyra, 1916–1921).

controlar las armas y manejarlas cuidadosamente desde la silla de montar.

El tercer capítulo trata de la armadura propiamente dicha y de cómo se forma el arnés (Lámina III). Cabe notar que característicamente Quijada presta atención al uso práctico de la armadura. Así, por ejemplo, las grevas deben de ser gruesas, 'porque como andan más çerca del lodo y del suelo, siempre ay más que limpiar' (ll. 104–05). Aunque a muchos caballeros les gusta seguir la moda y reforzar la armadura con hierro y guarnecerlo al mismo tiempo, esta costumbre, precisa Quijada, no es suficiente para mejorar la actuación o el desempeño del caballero y el autor hace hincapié en que los 'arneses encampronados' (l. 145) son simplemente adornos: no tienen nada que ver con la práctica y no afectan al desempeño. Por cierto, el autor ha visto a muchos caballeros, víctimas tal vez de su propia soberbia, que han perecido en las lizas, así que la heráldica, por popular que fuera, desde una perspectiva práctica constituía el aspecto menos importante de los arreos del caballero.

Con esto llegamos al meollo del tratado; el capítulo cuatro, el más extenso, que versa sobre la justa, y el capítulo cinco, que trata de la guerra. A pesar de todos los peligros y daños que ocasionaban las justas y los torneos, con algunas excepciones (Alfonso de Cartagena, por ejemplo) se consideraba el combate en las lizas como una actividad fundamental en el mundo caballeresco-militar, tanto en los tratados teóricos como en la ficción popular, ya que hasta cierto punto en las lizas el caballero podía practicar su profesión y aprender de primera mano las tácticas necesarias para vencer al enemigo en el campo de batalla.[33] Ramón Llull, por ejemplo, en el *Llibre de l'Orde de Cavalleria* ofrece los siguientes consejos al caballero novel:

> Cavaller deu córrer a cavall, bornar, llançar a taulat, anar ab armes, torneigs, fer taules redones, esgremir, caçar cers, orses, senglars, lleons, e les altres coses semblants a aquestes que són ofici de cavaller; car per totes aquestes coses s'acostumen los cavallers a fets d'armes e a mantenir l'orde de cavalleria.[34]

Y en el *Libro de los Estados*, Juan Manuel también hace hincapié en este aspecto del entrenamiento del novel caballero, precisando que las

---

33 Sobre los aspectos técnicos de la justa, véanse Sydney Anglo, 'How to Win at Tournaments: The Technique of Chivalric Combat', *Antiquaries Journal*, LXVIII, No. 2 (1988), 248–64; Enrique de Leguina, *Torneos, jinetes, rieptos y desafíos* (Madrid: Fernando Fe, 1904), 7–30; y José Enrique Ruiz-Domènec, 'El torneo como espectáculo en la España de los siglos XV-XVI', *La civiltà del torneo (sec. XII-XVII). Giostre e tornei tra medioevo ed età moderna. Atti del VII convegno di studio, Narni, 14–15–16 ottobre, 1988* (Narni: Centro Studi Storici, 1990), 159–93.

34 Llull, *Llibre de l'Orde de Cavalleria*, 50.

'maneras' son 'toda cosa que ayuda al omne por que pueda fazer por manera lo que non podría fazer tan ligeramente por fuerça'. Estas maneras, explica el autor, 'son así commo cavalgar et bofordar et fazer de cavallo et con las armas todas las cosas que pertenesçen a la cavallería'.[35] Por último, en el siglo XV, Diego de Valera precisa que los caballeros 'fueron dados muy nobles cavallos e armas convenibles al exercicio de la cavallería, los quales asimesmo fuesen apremiados exercer las armas en el tiempo de la paz, porque más dispuestos para la guerra se fallasen'.[36]

A diferencia de sus ilustres antecesores, el propósito de Juan Quijada de Reayo no es explicar lo que el caballero debe hacer para merecer el honor y la dignidad de su título. En vez de esto, el autor se propone ofrecer al lector una explicación sesgada de la aplicación práctica de todas las actividades que constituyen el alma de la profesión. La habilidad en el manejo del caballo y las armas en las lizas suele ser, sobre todo para los cronistas de la época, una prueba del calibre del porte caballeresco-militar, el emblema de la capacidad de los miembros de una casta noble para regir a sus vasallos y súbditos. Así es que según Hernando del Pulgar, Fernando el Católico 'justaba sueltamente e con tanta destreza, que ninguno en todos sus Reynos lo facía mejor',[37] y ya en el año 1516, el mismo año de la sucesión de Carlos I, en un párrafo panegírico, Pedro Mexía explica que el joven rey, 'como él fuese muy inclinado al exercicio de las armas y muy hábil y dispuesto para ellas, holgaua mucho de ver justas y torneos y otras fiestas semejantes; por lo qual, por le agradar y seruir, los señores y caualleros que en su corte estauan en aquellos días, que eran muchos, de España y de Flandes y de Alemaña, hizieron justas y torneos muchas vezes en su presencia; y él, avnque de tierna edad, entró por su persona en algunos de ellos, y mostró graçia y destreça singular en todo lo que hazía'.[38] El cronista se da cuenta de

---

35 Juan Manuel, *Libro de los Estados*, 20.

36 Valera, *Espejo de verdadera nobleza*, 106a.

37 Hernando del Pulgar, *Crónica de los Señores Reyes Católicos Don Fernando y Doña Isabel de Castilla y de Aragón*, en *Crónicas de los Reyes de Castilla*, ed. Cayetano Rosell, Biblioteca de Autores Españoles, LXX (Madrid: Rivadeneira, 1953), 223–511, en la pág. 256b.

38 Mexía, *Historia del Emperador Carlos V*, 73. Véase también la descripción de Felipe I 'el hermoso': 'cabalgaba muy bien a caballo a todas sillas: era muy buen justador' (Lorenzo de Padilla, *Crónica de Felipe I llamado el hermoso*, ed. Miguel Salvá y Pedro Sainz de Baranda, *Colección de Documentos Inéditos para la Historia de España*, VIII [Madrid: Imprenta de la Viuda de Calero, 1846], 149). En una forma modernizada, bien lejos de la versión medieval, el torneo real se celebra todavía en Inglaterra todos los años en Earl's Court, Londres. Cabe notar, sin embargo, que por desgracia la prez de la familia real británica ya no se evalúa según los criterios tan exigentes de antaño, y ninguno de los hijos de la reina participa activamente en el torneo.

que en realidad la fuerza física no es necesariamente una indicación de los valores morales—esta correspondencia entre lo físico y lo moral no es nada más que un lugar común de la literatura (*sapientia et fortitudo*)—, pero justifica sus observaciones así:

> Bien entiendo que no son estas las cosas esençiales y neçesarias para ser vn prínçipe bueno, porque son dotes del cuerpo, y sin ellas lo podría ser, porque la bondad en el alma consiste; pero todavía son dones de Dios, y de alabar y preçiar mucho tenerlos, porque hazen a los reyes y prínçipes amados y bien quistos de sus súbditos. Y para el vso y exerciçio de la fortaleza y algunas de las virtudes del ánima es neçesaria la fuerça y buena disposiçión corporal, por lo qual no está mal que desto se aya hecho mençión aquí, y la que se ará de otras cosas semejantes, pues plugo a Dios de dar a este Rey de tantas.[39]

Por desgracia, Pedro Mexía se olvida de mencionar la alarmante presencia de la muerte en las lizas, cuya siniestra ubicuidad se confirma tras hojear las páginas de las crónicas de la Edad Media y el Renacimiento en las que se ve desparramada una plétora de caballeros muertos o agonizantes. Las descripciones detalladas de las justas que aparecen en las crónicas subrayan el hecho de que la muerte era común y corriente en las lizas, ya que con frecuencia es el pormenor de menor importancia en la descripción. A menudo, en vez de nombrar a los combatientes, el cronista hace hincapié en el tiempo que hacía, la condición física de los caballos, la riqueza de las armas, la librea, los aderezos y el espectáculo en general. La siguiente descripción es un ejemplo típico: se trata de uno de los torneos que se celebraron en Binche en el año 1549. El cronista es Alonso de Santa Cruz:

> Acontecieron en aqueste torneo cuatro desgracias: la primera fue que llovió, cosa extraña; la segunda, que de un encuentro dieron con el caballo de D. Juan Manrique de Lara en el suelo muerto; la tercera, que a monsieur de Arbes, gentilhombre de la cámara de Su Majestad y Justicia mayor de la villa de Envers, le rompieron un brazo; la cuarta, que a un caballero borgoñón le dieron un encuentro en el muslo que se le metió una astilla de la lanza por él, de que murió.[40]

El desgraciado desconocido que falleció recibe de paso una mención al final del párrafo. ¡Así es que el detalle más digno de memoria desde el punto de vista del cronista no es que este caballero padeciera una muerte espeluznante en presencia de centenares de espectadores

---

39 Mexía, *Historia del Emperador Carlos V*, 87.
40 Santa Cruz, *Crónica del Emperador Carlos V*, V, 285.

asustados (algunos dirían extáticos),[41] sino que aquel día estaba lloviendo! Por consiguiente, para el investigador moderno resulta a veces sumamente difícil identificar los nombres y / u otros detalles pertinentes sobre ciertos caballeros que fueron muertos en las justas y los torneos de la Edad Media y el Renacimiento (véase, por ejemplo, en nuestro texto, el capítulo 3), siendo las referencias a ellos en su mayor parte sin datos precisos.

No obstante la importancia de la justa en la vida aristocrática, en su tratado Quijada siempre tiene presente que esta actividad es un deporte cuyo objetivo no es solamente quebrar lanzas y ganar premios, sino que también es una oportunidad para que el caballero pueda lucirse ante los jueces, los espectadores y sus pares, tanto por su habilidad en el uso de las armas como por su destreza ecuestre. La realidad de las justas era que podían únicamente desarrollar cierta resistencia física y los caballeros que participaban en ellas podían aprender a manejar esta fuerza física, a ser valientes e impávidos ante el enemigo.[42] De hecho, como suele suceder en muchos deportes competitivos, a pesar de la deportividad y el espíritu lúdico, los torneos podían fácilmente someter la paciencia de los competidores a toda prueba, reduciéndose a veces a una conducta antideportiva (véase sobre todo el Apéndice II). Así por ejemplo, Luis Zapata distingue entre el justador 'de buen entendimiento' y el justador 'maníaco', y hasta el mismo rey Fernando perdió la paciencia y se amohinó con un joven competidor portugués en unos juegos de cañas que se celebraron en Burgos en 1497: 'Y cierto día', explica el cronista, 'un galán portugués, llamado D. Joan de Castelblanco, estando el Rey repartiendo los puestos, este se adelantó y tiró una caña, de lo cual se enojó el Rey mucho, y fue tras él y le dio de palos con otra que el Rey tenía en las manos'.[43] Por lo tanto Quijada insiste en que los caballeros no pierdan de vista el espíritu lúdico del deporte.

Una vez más, volviendo al tema del segundo capítulo de su tratado, el autor subraya el hecho de que es imprescindible que el caballero conozca a su caballo antes de entrar en liza. El objetivo principal de la justa, como se confirma en la lámina que sirve de portada al texto, era apuntar la lanza acertadamente de modo que en

41 Véase Barbara W. Tuchman, *A Distant Mirror: The Calamitous 14th Century* (Nueva York: Ballantine, 1978): 'Accustomed in their own lives to physical hardship and injury, medieval men and women were not necessarily repelled by the spectacle of pain, but rather enjoyed it' (135).

42 Cf. la siguiente observación sobre Carlos V: 'Los ejercicios de su juventud, demás de las armas, eran luchas, pruebas de fuerzas, juego de pelota y la caza, y todo lo que hace ágil y habilita un cuerpo para el uso de las armas y guerra' (Sandoval, *Historia de la vida y hechos del Emperador Carlos V*, I, 19ab).

43 Padilla, *Crónica de Felipe I llamado el hermoso*, 45.

el momento del encuentro se quebrara en el peto de la armadura del contrincante y no en la visera del yelmo o la silla de montar, por ejemplo. Debido sin duda a la posibilidad de perecer justando, el capítulo cuatro se centra en la seguridad de los combatientes y Quijada desarrolla varios métodos para asegurarla. La lanza, por ejemplo, no podría penetrar y no se rompería tampoco si el borne—el extremo de la lanza—se aflojara. Por lo tanto, el borne, dice el autor, debería encajar precisa y firmemente en la lanza, siendo fijado a la misma con un martillo para que la lanza se rompiera en el momento del encuentro. Ahora bien: para que los jueces puedan ver precisamente qué parte de la armadura tocan los caballeros en caso de que no se rompa la lanza, Quijada sugiere la idea original de que los combatientes tiñan el borne de almagre, lo cual dejará una mancha en la armadura del contrincante.

Otro problema abordado por el autor en este capítulo tiene que ver con el instinto humano, y se trata de un problema fundamental que todos los combatientes deben superar: el problema de cerrar los ojos en el momento del encuentro. Este problema fue tal vez el más común y el más difícil de superar para el justador. Ya se mencionó un siglo antes en el *Livro da ensinança de bem cavalgar* (1434), tratado escrito por el rey Duarte de Portugal que versa primordialmente sobre las técnicas de cabalgar y en parte las de justar; es decir, que el mismo problema no se había solucionado tras unos cien años de práctica constante.[44] Además de esta cuestión, Duarte dice que muchos caballeros no ven bien simplemente porque se arman mal y no ajustan suficientemente el yelmo. Otros, por no volver el cuerpo entero en el momento del encuentro—recuérdese que el justador sujetaba la lanza en la mano derecha, apuntándola hacia la izquierda—solamente mueven los ojos y por lo tanto su propio yelmo resulta ser un obstáculo que impide la visión.

Lo que no ofrece Duarte es una solución adecuada al problema de cerrar instintivamente los ojos. Lo mejor que el caballero podrá hacer, según Duarte, es tener un buen padrino que le pueda explicar 'per hu errou ou tocou'. Quijada hace constar que el cerrar los ojos es la razón principal por la que los caballeros no consiguen romper la lanza, y es el primer autor que ofrece una solución práctica a este problema. La solución es, característicamente, lógica y simple: lo fundamental, dice Quijada, es la tentación de fijarse en el borne de la lanza del contrario—y sin duda habría que tener en cuenta también la velocidad de los caballos cuando se acercaban y se cruzaban—y la reacción

---

44 *Livro da ensinança de bem cavalgar toda sela que fez El-Rey Dom Eduarte de Portugal e do Algarve e Senhor de Ceuta*, ed. Joseph M. Piel (Lisboa: Livraria Bertrand, 1944), 82. Véase, en nuestra edición, n.77.

natural es imaginar que la lanza va a penetrar en la visera directamente. Por lo tanto, para luchar con éxito y vencer en el torneo, el autor recomienda que el caballero novel supere el problema fijando la mirada en el borne de su propia lanza y así evitar desastres.

El capítulo quinto, sobre la guerra, forma un gran contraste con el capítulo anterior. Quijada distingue claramente entre la justa y la guerra al reconocer que en la guerra desaparece tanto el ambiente 'controlado' de la justa como todos los rígidos fundamentos teóricos que regulan ese ambiente. Las descripciones contemporáneas de los horrores de la guerra subrayan el caos de la batalla y los peligros y el sufrimiento que podían padecer los caballeros. Un ejemplo es la siguiente descripción sangrienta y desconcertante del campo de batalla después de los primeros encuentros en la batalla de Wurtemberg (24 de abril de 1547). El autor del testimonio es Luis de Ávila y Zúñiga, comendador mayor de Alcántara, quien participó en la carnicería de esta batalla:

> Había muchos hombres, que parecían ser de más arte que los otros, muertos en el campo, otros que aun no acababan de morir, gimiendo y revolviéndose en su misma sangre; otros se veía que se les ofrecía su fortuna como era la voluntad del vencedor, porque a unos mataban y a otros prendían, sin haber para ello más elección que la voluntad del que los seguía. Estaban los muertos en muchas partes amontonados, y en otras esparcidos, y esto era como les tomaba la muerte, huyendo o resistiendo.[45]

Por lo tanto, además de los fundamentos teóricos, desaparecieron también en la guerra los códigos de honor que (supuestamente) regulaban el ambiente controlado de las lizas, de modo que el autor del *Libro de la guerra*, por ejemplo, en el último capítulo del texto, sobre 'las reglas generales de las batallas', hace hincapié en la estrategia más bien que en conceptos abstractos de honor y valentía, y recomienda tácticas de guerrilleros en favor de la batalla campal, explicando que: 'Mejor es domar al enemigo con sobreuientas e

---

45 Luis de Ávila y Zúñiga, *Comentario de la Guerra de Alemania hecha por Carlos V, Máximo Emperador Romano, Rey de España, en el año de 1546 y 1547*, en *Historiadores de sucesos particulares*, ed. Cayetano Rosell, Biblioteca de Autores Españoles, XXI (Madrid: Rivadeneira, 1946), 409–49, en la pág. 443a. Fray Prudencio de Sandoval se sirve de este testimonio en su propia descripción de la batalla de Wurtemberg, en *Historia de la vida y hechos del Emperador Carlos V*, III, 295b.

rebatos e espantos que con pelea publica, en la qual la fortuna puede auer mayor poder que la virtud del tu poder'.[46]

Además de los horrores inmediatos de la guerra, siempre existía la posibilidad real de contraer pestilencia de los cadáveres que surtían el campo de batalla, sobre todo en el caso de esas batallas y cercos que duraban más de un solo día. Así en el cerco de Medellín (1480), 'murieron algunos de la una parte e de la otra. E tantos caballos quedaron en el campo muertos, que inficionaban de dolencias pestilenciales a los unos e a los otros'.[47] Era casi imposible solucionar el problema de la infección pestilencial en el campo de batalla y, al igual que en el cerco de Medellín, así en la campaña del Emperador contra Barbarroja en Túnez (1535) la pestilencia fue de nuevo la causa de mucho sufrimiento para los combatientes.[48] Ahora bien: si en la justa el objetivo principal era vencer al contrincante, obedeciendo siempre una serie de reglas según las cuales existía la posibilidad de dar 'encuentros feos', esto es, dar con la silla de montar o con el caballo en vez de quebrar la lanza, por ejemplo, en la guerra toda práctica era lícita, y el objetivo principal era simplemente conseguir la victoria con la mayor prontitud. Síguese que en plena guerra Quijada recomienda que el caballero ataque las partes más vulnerables de la armadura e inclusive que ataque al caballo con tantas armas como tuviera a su disposición, con la intención, siempre pragmática, de incapacitar si no matar al adversario y su caballo.

La *Doctrina del arte de la cauallería* es un opúsculo sobre los aspectos más prácticos de la caballería, de modo que si los cinco primeros capítulos tratan de la importancia de los arreos del caballero, desde la disposición correcta de la silla de montar hasta el manejo oportuno de la lanza, el último capítulo tiene que ver con la albeitería, concretamente la hipología, y se trata de una serie de

---

46 Lucas de Torre, 'Enrique de Villena. *El libro de la guerra*', 530. Asimismo, véase Sandoval, *Historia de la vida y hechos del Emperador Carlos V*: 'la mayor prudencia que un capitán, experto en el arte y ejercicio de la milicia puede tener, es conservar su ejército y gastar y consumir al contrario con trazas y buenos ardides' (III, 274b). Esta táctica se recomienda también en la ficción caballeresca. Véase, por ejemplo, Joanot Martorell y Marti Joan de Galba, *Tirant lo Blanc*, ed. J. M. Capdevila i de Balanzó (Barcelona: Els Nostres Classics, 1926), 5 vols: 'en les guerres més val aptesa que fortalesa' (I, 88).

47 Pulgar, *Crónica de los Señores Reyes Católicos Don Fernando y Doña Isabel de Castilla y de Aragón*, 346b.

48 Véase Sandoval, *Historia de la vida y hechos del Emperador Carlos V*, II, 532b.

sugerencias prácticas para frenar a los caballos desbocados.[49] Este capítulo sirve como conclusión a la obra, así que la moraleja del texto podría ser que sin caballos no habría caballeros, ya que 'es el buen conosçimiento del cauallero conosçer lo que ha menester su cauallo' (ll. 76–77). El caballo, en efecto, define al caballero, y por consiguiente era imprescindible que el caballero novel aprendiera no solamente a manejar las armas sino también—como menciona Quijada repetidas veces—a domar a su caballo y foguearlo para que se acostumbrase a los gritos y gemidos de los guerreros, el estruendo de los arcabuzazos y cañonazos, y el olor acre del campo de batalla.

En conclusión, la *Doctrina del arte de la cauallería*, es un importante testimonio de la realización práctica de la caballería en el siglo XVI, siendo el primer texto escrito en castellano que se dedica exclusivamente a este tema. Desde el punto de vista técnico, el autor desarrolla una serie de métodos de prevención que se centran sobre todo en el bienestar del caballero, sin proponer una moral que condene o apruebe el deporte preferido de las clases nobles o su participación en las guerras y escaramuzas; y desde el punto de vista filológico, a pesar de los fallos estilísticos del texto, la *Doctrina del arte de la cauallería* contiene una gran riqueza de vocablos raros y curiosos. Inclusive de aclaraciones de algunos términos que hasta ahora eran algo oscuros, tales como la 'calada', que aunque se usa con frecuencia en el contexto de la caballería, es una voz cuya acepción exacta no aparece en los diccionarios de la época y hasta aturdió al editor moderno de Pero Rodríguez de Lena, en su edición—por lo demás excelente—del *Passo honroso de Suero de Quiñones*.[50] Según el *Diccionario de Autoridades*, 'calada' es 'el vuelo rápido que lleva el ave de rapiña, ya levantándose, ya abatiéndose, ya torciendo y tomando vuelta, como ha menester, para dar caza a las aves que sigue'. De ahí, pues, a la definición precisa que nos proporciona Juan Quijada de Reayo, tal y como se aplica a los juegos de armas, donde una calada significa 'menear la lança de arriba para baxo y de abaxo para arriba en la carrera' (ll. 257–58). Con esta aclaración llegamos a la presentación del texto.

---

49 Véanse los estudios recientes de Caroll Gillmor, 'Practical Chivalry: The Training of Horses for Tournaments and Warfare', *Studies in Medieval and Renaissance History*, New Series XIII (1992), 5–29; y Matthew Bennett, 'La Règle du Temple as a Military Manual or How to Deliver a Cavalry Charge', en *The Rule of the Templars*, ed. J. M. Upton-Ward (Woodbridge: Boydell & Brewer, 1992), 175–88.

50 Rodríguez de Lena, *El Passo honroso de Suero de Quiñones*, 277. El editor, Amancio Labandeira Fernández, cita la definición que provee la *Enciclopedia del idioma*: 'Ciertas destrezas o juegos del jinete'.

Una nota sobre los Apéndices

Hemos incluído tres apéndices que complementan nuestra edición de la *Doctrina del arte de la cauallería*. El primer texto es una semblanza que aparece en el *Nobiliario Genealógico de los Reyes y Títulos de España* (1622), de Alonso López de Haro, texto que hoy día sólo se encuentra en la sala de libros raros de unas cuantas bibliotecas europeas y americanas (tuve el placer de consultar el ejemplar que actualmente se conserva en la Biblioteca Colombina de Sevilla, signatura 90–4=6–7). Dada la rareza de este testimonio de la grandeza del tercer duque de Alburquerque, patrón de nuestro texto, se incluye como apéndice.

El Apéndice II es una descripción del desafío entre Pedro de Torrellas y Jerónimo de Ansa, caballero que Juan Quijada de Reayo menciona por nombre en el capítulo 3 de la *Doctrina del arte de la cauallería*. La transcripción se basa en la que llevó a cabo Carlos Seco Serrano en su edición de la *Historia de la vida y hechos del Emperador Carlos V*, de Fray Prudencio de Sandoval. Y, por último, el tercer apéndice es uno de los pocos textos del Renacimiento español, aparte la *Doctrina del arte de la cauallería*, que describe en detalle el arte de justar. Fue escrito por Luis Zapata. En las postrimerías de su vida este 'ex-hombre de armas' dedicó su tiempo a la composición de una *Miscelánea*, un compendio de sus memorias y experiencias personales. En palabras del autor, 'ya que de armas en mi mocedad me pasé a las letras en mi vejez, y que la usada lanza, sin hacer calada, de mis justas se transformó en pluma, para con ella sin poner mentira escribir cosas justas, bien es acordarme con ella de los míos'.[51] La transcripción se basa en la que llevó a cabo la Real Academia de la Historia en su edición de este texto. En ambas ediciones, la de Carlos Seco Serrano y la de la Real Academia de la Historia, hay una ausencia casi total de notas aclaratorias. Por lo tanto todas las notas que se encuentran al final de los Apéndices en este volumen son mías.

Stemma y criterios de edición

El texto que reproducimos en este volumen se basa en la edición única publicada en Medina del Campo, 1548. Actualmente se conservan dos ejemplares de esta edición en la Biblioteca del Palacio Real, Madrid (signaturas I–B–247, e I–C–198) y un ejemplar en la Biblioteca Nacional, Madrid (signatura R 3634). En 1874 Don J. Sancho Rayón hizo una reproducción fotolitográfica de la *Doctrina*

---

51 Zapata, *Miscelánea*, 437–38.

del arte de la cauallería, tirando solamente 44 ejemplares.[52] Hemos encontrado una copia de esta edición—casi tan rara como la versión original—en la 'Special Collections Library' de la Universidad de Michigan (signatura PQ 6425. Q7. 1548a). La relación de los diferentes testimonios es de la siguiente manera:

$$[\Omega]$$

$$\mathrm{ed.\ 1548}$$

$$\mathrm{ed.\ 1874}$$

En la transcripción del texto he querido ser fiel al original, el cual, unido al estudio preliminar y notas aclaratorias, intenta lograr una definitiva comprensión y apreciación de este opúsculo particular. La transcripción se basa, pues, en los siguientes criterios:

1. Se respeta siempre la grafía original del texto, y se desarrollan todas las abreviaturas, poniendo en *cursiva* las letras englobadas en aquéllas. Por lo tanto, q̃ > q*ue,* etc.
2. Se ha modernizado el empleo de mayúsculas y se ha suplido la puntuación según el uso actual para facilitar la lectura.
3. Se han unido o separado oportunamente según el uso moderno palabras que figuraban separadas o unidas en el original.
4. Las letras o palabras omitidas o erróneas en el texto han sido enmendadas y la enmienda se ha señalado con corchetes [ ]. Así, por ejemplo, *azreo* se enmienda a *az[er]o* (l. 102), etc. En el caso de palabras repetidas la discrepancia se indica en nota a pie de página.

Nota previa

En las notas al texto he acudido a diversos diccionarios de índole técnica, y otros textos pertinentes para aclarar el sentido de los términos técnicos y otros vocablos oscuros. A continuación se presenta una lista de los textos más usados en las notas junto con la forma abreviada de éstos, tal como aparece en las notas:

1. Alm. *Dicc.*: José Almirante, *Diccionario militar etimológico, histórico, tecnológico* (Madrid: Imprenta y Litografía del Depósito de la Guerra, 1869).
2. Cartagena: Noel Fallows, *The Chivalric Vision of Alfonso de*

---

52 Palau y Dulcet, *Manual del librero hispanoamericano,* vol. XIV (1962), 450b. Véase también, *The National Union Catalog. Pre-1956 Imprints,* vol. CCCCLXXVII (Londres: Mansell, 1976), 685.

Cartagena: Study and Edition of the 'Doctrinal de los caualleros' (Newark, DE: Juan de la Cuesta, 1995).

3. Cej. *Voc.*: Julio Cejador y Frauca, *Vocabulario medieval castellano* (Madrid: Editorial Hernando, 1929).

4. Covarr. *Tes.*: Sebastián de Covarrubias Horozco, *Tesoro de la Lengua Castellana o Española*, ed. Martín de Riquer (Barcelona: S. A. Horta I. E., 1943).

5. *Dicc. Aut.*: *Diccionario de Autoridades*, ed. facsímil (Madrid: Gredos, 1964).

6. *DRAE: Diccionario de la Real Academia Española.*

7. Leguina: Enrique de Leguina, *Glosario de voces de armería* (Madrid: Felipe Rodríguez, 1912).

8. Martínez: Martínez del Romero, *Glosario*, en *Catálogo de la Real Armería*, ed. Joaquín Fernández de Córdoba (Madrid: Aguado, 1854).

9. *Paso honroso*: Pero Rodríguez de Lena, *El Passo Honroso de Suero de Quiñones*, ed. Amancio Labandeira Fernández (Madrid: Fundación Universitaria Española, 1977).

10. Cab. *Dicc.*: Guillermo Cabanellas de Torres, *Diccionario militar aeronáutico, naval y terrestre*, 4 vols. (Buenos Aires: Bibliográfica Omeba, 1961).

C Doctrina del arte dela caua‐
llería, ordenado por Juan quixada de reayo vezino dela vi‐
lla de Olmedo hombre de armas dela capitanía del muy Jl
lustríssimo señor el duque de Alburquerque a fin ð dar cóse
jo a vn hijo suyo como mas viejo ē las guardas delos reyes
passados de gloriosa memoria. So correction de otros caua
lleros que lo saben mejor bazer y dezir.

LÁMINA I
Juan Quijada de Reayo, *Doctrina del arte de la cauallería*. Portada.
Fotografía cedida y autorizada por 'The Special Collections Library', University of
Michigan.

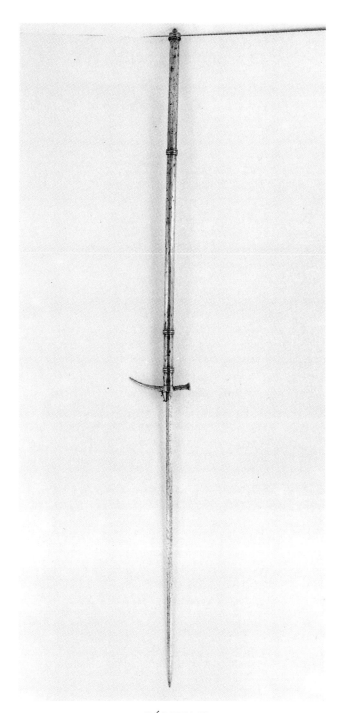

LÁMINA II
Martillo de armas del siglo XVI. Real Armería, Madrid, pieza H-11, Inv. 10000238.
Fotografía cedida y autorizada por el Patrimonio Nacional, Madrid.

LÁMINA III
Armadura de Justa del siglo XVI. Real Armería, Madrid, pieza A-243.
Fotografía cedida y autorizada por el Patrimonio Nacional, Madrid.

JUAN QUIXADA DE REAYO

Doctrina del arte de la cauallería

(MEDINA DEL CAMPO: PEDRO DE
CASTRO, 1548)

[f° 1ᵛ] *Doctrina del arte de la cauallería,* ordenado por Juan Quixada de Reayo, vezino de la villa de Olmedo, hombre de armas de la capitanía del muy Illustríssimo Señor el Duque de Alburquerque,[1] a fin de dar consejo a vn hijo suyo, como más

5   viejo en las guardas de los reyes passados, de gloriosa memoria. So corrección de otros caualleros que lo saben mejor hazer y dezir. [f° 2ʳ] Comiença la obra.

1 Don Beltrán de la Cueva, Tercer Duque de Alburquerque (muerto en 1559). El duque tenía dos hijas—Doña Francisca y Doña Leonor—y tres hijos—Don Gabriel, Don Juan y Don Francisco. El texto, pues, se dirige a uno de los hijos, posiblemente a Don Francisco, el hijo menor. Para la historia de la casa ducal de Alburquerque, véase Antonio Rodríguez Villa, *Bosquejo biográfico de Don Beltrán de la Cueva, Primer Duque de Alburquerque* (Madrid: Luis Navarro, 1881).

CAPÍTULO PRIMERO

En el nombre de Dios y de la Sacratíssima Virgen María, sin el
ayuda de los quales no puede cosa alguna auer próspero fin.
10   Hijo, primeramente conuiene que si has de vsar el ábito militar
de la cauallería tener buen caballo que corra claro, y que la silla
sea de barras y contrabarras,[2] por que vaya más fuerte, vna
madera sobre otra, y que la euilla do se ponen las açiones[3] esté en
el medio de la barra, y dos dedos más adelante que atrás, y
15   midiéndolo con vna cuerda desde vna madera a otra y desde las
barras abaxo sobre muy poca lana quando más dos dedos. Y has
de mirar que si el cauallo fuere alto de aguja,[4] o baxo, que puesta
la silla ençima del cauallo esté del assiento de la cauallería vn
poco más abiuada[5] de detrás que no de delante, porque en
20   aquellas çinchuelas[6] sobre que van assentado, yendo caualgando, se pueden clauar más altas de vn cabo que de otro para
ygualar la cauallería por que cayga bien en la silla, porque si van
clauadas muy altas de detrás mucho más que de delante, haze
hechar el cuerpo adelante y las piernas atrás, y, si va muy
25   abiuada de delante, haze caer el cuerpo atrás y las piernas.

2 Barra] 'En la silla de montar, parte de la armadura que une los dos fuetes o
arzones, y forma la batalla' (Cab. *Dicc.*). Cf. ll. 14, 16, 48, 51.

3 Açión] Correa con que está asido y pendiente el estribo para montar a caballo'
(*Dicc. Aut.*). Cf. ll. 52, 267, 268, 272. Véase también *Paso honroso*: 'E aquí fueron
cumplidas sus armas, e luego los juezes e rey de armas deçendieron del cadafalso, e
como deçendieron fueron requeridos por parte de Pedro de Nava que catasen a Diego
Zapata si venía ligado, e ellos luego fueron a catar e fallaron que traía metidos los
estrivos con las açiones por la cincha a manera de ligadura, e assí mesmo traía
borrenas en los arçones çagueros de la silla, de lo qual non traía cosa alguna Pedro de
Nava. E los juezes dixieron luego a Gutierre Quijada, por quanto Diego Zapata era de
su compañía que non havía fecho bien en consentir de traer aquello allí, pues sabía
que ninguno de los defensores non traía ninguna ligadura' (278).

4 Agujas] Se llaman las costillas que corresponden al quarto delantero del animal,
. . . y también que es corto o alto de agujas, el que es corto o alto de los brazuelos'
(*Dicc. Aut.*).

5 Abiuada] 'elevada'. Se trata de un galicismo. Cf. Frédéric Godefroy, *Dictionnaire de l'Ancienne langue française* (París: Librairie des Sciences et des Arts, 1937–
1938), 10 vols, s. v. aviver. Cf. ll. 25, 28.

6 Çinchuela] 'Dimin. de cincha. Cincha pequeña. Lista ancha de cáñamo, lana o
esparto, con que se aprieta y assegura la silla o albarda a la cabalgadura' (*Dicc. Aut.*).
Cf. l. 26.

Conuiene que sea[n][7] casi ygual clauadas aquellas çinchuelas, que si ser pudiere no haga oyo en medio, avnq*ue* esté çinchado el cauallo, y poco más abiuada de detrás que no de delante. Y conuiene que el arzón[8] delantero sea ancho y cruzado, por que
30 vaya más fuerte, vna madera sobre otra; que siendo ancho es más prouechoso para bue*n* encue*n*tro y guarda más la barriga. Y el arzón trasero, si fuere de conteras,[9] sean algo baxas azia baxo, y cortas por manera, q*ue* estorban mucho sien[fº 2ᵛ]do altas y largas, por q*ue* vengan en ygual, y redondo el torno del fuste[10] de
35 detrás, y algo más baxas las co*n*teras, que lo den medio, y caýdo vn poco hazia dentro antes que atrás. La borrena[11] de delante, conuiene que esté vazía en el medio de la señal de la silla do se pone la contera de la lança, porq*ue* su lugar.

7 Texto: *sea.*

8 Arzón] 'El fuste trasero y delantero de la silla de la caballería, que sirven de afianzar al ginete para que no se vaya adelante ni atrás. Covarrubias dice se llamaron assí, como arcones, porque están en forma de arcos, u del verbo *Arceo* latino, que significa apretar, porque entre dos arzones parece que va el hombre apretado y firme' (*Dicc. Aut.*). Cf. ll. 32, 278. Véase también *Paso honroso:* 'E los juezes vieron que era ya ora de comer, e que había entrellos debate sobre una silla de justa muy alta e fuerte, e muy boltados los arçones traseros, que el dicho Juan de Villalobos traía, mandáronles que saliesen del campo, e se fuesen a comer, e que después tornarían a cumplir sus armas, e ellos assí lo fizieron. E dixeron los juezes, que ellos le dezían e mandavan a Juan de Villalobos, que non truxese más aquella silla que non era de guerra, e en los capítulos de Suero se contenía, que las armas se fiziessen en arnés de guerra, e sin vantaja ninguna. E que pues había vantaja en la silla quél traía, que si diessen lugar a quél fiziesse armas en ella, que por ellos non sería guardada la igualdad, que non davan nin darían lugar a que más fiziesen él ni otro en aquella silla. E si las armas quería acabar que echase en su cavallo otra silla que fuese de guerra, si no que no le darían lugar a las acabar. E por Lope de Stúñiga les fue respondido, que conoçiese la avantaja que traía en la silla, e que a él plazía de fazer con él. E el dicho Juan de Villalobos dixo, que la non conoçería, nin faría sino con aquella silla con que había començado. E a esto respondió Lope de Stúñiga, e dixo que pedía de merced a los juezes que le dexasen complir sus armas en aquella silla, e que non dezía en aquella, mas aun si çiento pudiesse poner ençima de su cavallo, que fuessen más fuertes que aquella, que las pusiese, que él faría las armas con él, e aun con otro si viniese. E los juezes deque vieron la voluntad de Lope, dieron lugar a que fiziesse con él en aquella silla, e con condición que otro ninguno, non fiziese más armas en ella en aquel passo, que lo non consentirían, e luego todos fueron a comer' (240).

9 Contera] 'El hierrezuelo concavo o hueco que fenece en punta, y se pone en la extremidad de la vaina de la espada, daga o puñal para que no la rompa ni pueda herir al que topare con ella' (*Dicc. Aut.*). Cf. ll. 34, 37.

10 Fuste] 'Significa . . . el fundamento hecho de madera para formar alguna cosa. Tómase especialmente por la armadura de la silla del caballo o mula, y tal vez por la misma silla' (*Dicc. Aut.*).

11 Borrena] 'Lo mismo que borrén. El encuentro del arzón en las sillas de armas y de brida. Parece se dixo assí por estar regularmente embutidos de borra' (*Dicc. Aut.*).

40 Conuiene que siempre que caualgares lleues dos çinchas, y la çincha orcada no ha de tener, porque hazen estoruo al caualgar y al apear; antes ha de auer en la tajuela[12] de la silla, por debaxo, vna ebilla clauada con su correón todo lo más alto que ser pudiere, para que vayan bien cubiertas con la ropa de la silla, y apretando la çincha orcada lo que fuere menester. Y la çincha 45 grande por la parte derecha ha de ser hendida, y guarneçida la hendidura con vn poco de cuero, y sacar por allí el estribo, porque, como arriba he dicho, que ha de yr la ebilla[13] de las barras de los estribos casi en el medio. Conuiene abrir la çincha para que cayga el estribo derechamente. Por la otra parte 50 yzquierda, ha de yr el estribo detrás del látigo, y no ha de baxar el hierro de la çincha abaxo. De la ebilla de las barras do se ponen los açiones, suba el otro hierro de la çincha, de abaxo para arriba, apretando lo que fuere menester.

Y caualgando, has de caer tan derechamente en la silla como 55 si estuuiesses delante del rey en pie, y con esto ha de ser corta de tajuelas y corta de ropa, porque haze más largo de piernas al hombre de armas. Las sillas mantuanas son mejores y más descansadas para caualgar y apear.[14]

12 Tajuela] 'Pieza de madera que forma cada uno de los dos fustes de la silla de montar' (*DRAE*, s. v. tejuela). Cf. l. 56.

13 *ebilla* se repite.

14 Ya desde fines del siglo XIII las herrerías de Milán y Mantua, localizadas ambas en Lombardía, eran famosas por la fabricación de armas y otros paramentos de calidad superior. Hay varias menciones de ellas en la literatura española: cf., por ejemplo, el prólogo ('El autor a un su amigo') de la *Celestina*, y la copla 150 del *Laberinto de Fortuna*. Cf. también el *Livro da ensinança de bem cavalgar toda sela que fez El-Rey Dom Eduarte de Portugal e do Algarve e Senhor de Ceuta* [1434], ed. Joseph M. Piel (Lisboa: Livraria Bertrand, 1944). Según Duarte, hay cinco maneras principales de montar a caballo. La segunda manera es la siguiente: 'de todo seer na sella, trazendo as pernas dereitas ou alguu pouco encolheitas, nom fazendo meençom das estrebeiras, em tal guisa que os pees lhe andem em ellas luyndo. E esta maneira, segundo me dizem, husam em Ingraterra e em alguas comarcas de Ytalia em as sellas que elles costumam, posto que sejam de feiçoes desvairadas. E desta maneira a fortaleza do cavalgar sta em aver principal tençom em se teer dereito, e apertar as pernas, segundo for o tempo, seendo sempre dereito em ellas, nom fazendo grande conta das strebeiras. Porende, segundo a mym parece, ainda que as feiçoes das sellas e husança esto requeira, a ajuda das strebeiras que bem aver se pode nom deve seer leixada, teendo porem mais enteençom no apertar das pernas e se teer dereito, por saber andar com o corpo em todallas cousas que a besta fezer, que em ajuda dos pees' (16). En el *Tractado de la cauallería de la gineta*, Hernán Chacón se queja del tipo de silla que describe Quijada por las siguientes razones: 'Lo que açerca desto he visto a grandes ginetes y yo he experimentado es muy contrario de los que agora se vsa, que a mi ver va fuera de razón porque las sillas pequeñas y baxas de arzones que agora quieren vsar tienen muy grandes faltas, assí en la ropa como en los arzones, que por ser tan baxos y cortos hazen descubrir al cauallero muchas faltas, y aun a las vezes

_____

salir de la silla. A mi paresçer la silla de la gineta no ha de ser muy baxa de arzones sino de razonable altura, para que el cauallero los halle delante y detrás quando los buscare, y se afirme en ellos. Y las coraças han de ser tan largas que solamente queden por cubrir de los arçiones tres dedos, y desta manera el cauallero yrá más fuerte e firme y asido a la silla. Y para más perfectión y para más prouecho del cauallero y bien paresçer, conuiene que la silla lleue su caparaçón o mochila muy bien reatada a dos sortijas que se han de poner en la çincha para la reata, y la reata ha de venir tres vezes a se asir en las sortijas y dende el arzón delantero, y boluer a acabar a la vna sortija. Y desta manera reatada la silla el cauallero yrá más fuerte e firme en la silla y más hermoso el cauallo. Y en quanto a las estriberas y espuelas de la gineta, assí mismo me paresçe que las que van muy fuera de la razón en traellas tan angostas y pequeñas como las traen porque se siguen muchos inconuenientes: el vno es paresçer mal y cosa muy pobre y raez; y el otro, que siendo tan liuianas y tan angostas las estriberas, el pie no puede yr bien puesto ni assentado, antes va a peligro porque topando con otro cauallero va el pie descubierto y desarmado y a peligro de se perder. Las estriberas a mi ver para la gineta han de ser redondas y medianas y pesadas, assí para paresçer bien como para que el cauallero vaya más fuerte y el pie más firme y seguro, porque va armado con la misma estribera. No soy de paresçer que sean marinas o a lo menos si no lo fueren no han de tener en la parte alta puntas, sino que sean redondas cabe el asta porque con las puntas de arriba pellizcan y muerden los cauallos con la çincha y házenles dar de la cola y aun a las vezes boluer a morder al estribo'. Véase Hernán Chacón, _Tractado de la cauallería de la gineta_ (Sevilla: Cristóbal Álvarez, 1551), fº av[r]-av[v].

CAPÍTULO SEGUNDO
De cómo se h[a]¹⁵ de enseñar el hombre de armas

Combiene que deprendas las cosas del prinçipio, como el niño
60 que deprende a leer por el A. B. C. Y assí ha [fº 3ʳ] de hazer el tal
cauallero, para que deprenda y salga buen maestro, que si
quisiere ser maestro primero que disçípulo, nunca será buen
cauallero del hábito militar de la cauallería. Vsándolo y porfián-
dolo se alcançan las cosas—como dizen, 'uso haze maestro'—,¹⁶
65 y tomando buen padrino¹⁷ que lo sepa hazer y amostrar.

15 Texto: *he.*

16 'Uso hace maestro, o uso hace maestros'. Cf. también: 'El uso es maestro de
todo'. En Gonzalo Correas, *Vocabulario de refranes y frases proverbiales* (Madrid:
Tip. de la Revista de Archivos, Bibliotecas y Museos, 1924), 497b. Este tipo de
instrucción era un lugar común en los tratados teóricos de la caballería. Véase, por
ejemplo, Cartagena: 'Vso e arte son dos cosas que fasen a todo omne ser sabidor de lo
que quisiere saber e aquesto deue ser muy guardado en aquellos yerros que los omnes
fasen que son emendaderos, quanto mas lo deue ser de fecho de armas e de guerra en
que non se emienden muy de ligero las faltas que y auienieren' (124). Cf. también la
fuente de esta observación: Alfonso X, *Las Siete Partidas*, en *Códigos Españoles*,
vols. 2–5 (Madrid: Rivadeneyra, 1848), *Segunda Partida*, Título XXIII, Ley viii (II,
497a); y Ponç de Menaguerra, *Lo Cavaller*: 'En la scola del junyidor que es pratica,
Art és lo mestre; Enteniment, Disposició e Natural Inclinació són los dexebles, per
què sens companyia de aquests és impossible al cavaller exir destre famós de tal
estudi' (Ponç de Menaguerra, *Lo Cavaller*, en *Tractats de Cavalleria*, ed. Pere Bohigas
[Barcelona: Barcino, 1947], 177–95, en la pág. 193). Por último, cf. *El libro de la
guerra*: 'La natura pocos varones cria fuertes, mas la buena enseñança a muchos faze
ardidos' (Lucas de Torre, 'Enrique de Villena. *El libro de la guerra*', *Revue
Hispanique*, XXXVIII (1916), 497–531, en la pág. 531).

17 Padrino] 'Se llama . . . el que asiste a los Graduados en las Universidades o al
Caballero que recibe algún Hábito de las Ordenes Militares, haciendo las ceremonias
correspondientes . . . Se llama asimismo el que apadrina en las justas, torneos, juegos
de cañas, desafíos y otras funciones públicas' (*Dicc. Aut.*). Cf. ll. 152, 198, 237, etc.
Sobre el vínculo espiritual entre caballero y padrino, véase Cartagena: 'Çeñir la
espada es la primera cosa que han de fazer despues que el cauallero noble fuere fecho.
Por ende, ha de ser muy catado quien es el que gela ha de çeñir. E esto non deue ser
fecho sinon por mano de omne que aya en si algunas destas tres cosas: que sea su
señor natural, o que lo faga por el debdo que han de con so en vno, o omne onrrado
que lo fisiese por fazerle onrra, o cauallero que fuese muy onrrado e muy bueno en
armas que fiziese por su bondad. E en esto se acordaron mas los antiguos que en las
otras dos que touieron que era muy comienço para lo que era tenudo el noble de fazer.
Pero qualquier dellas que aya vale e es muy buena. Ca este que le deçine la espada
llamanle padrino. Ca bien asi como los padrinos en el bautismo ayudan a confirmar e

Es menester ensayarse cada semana, dos o tres vezes, y
paréçeme que el tal hombre de armas caualgue algo corto que no
largo, y cayendo bien en la silla, a la española, y cargando sobre
los estribos y apretando los muslos, las piernas tiestas; y no
70 meneallas,[18] y no meter mucho los estribos, avnque algunos
engargant*an*[19] mucho: cada vno haga como mejor le pareçiere. Y
si fuere menester herir el cauallo, co*n*uiene que hieras co*n* ambas
piernas ygualmente, de la rodilla abaxo, luego tornar a endere-
çar las piernas en su ser. Ay cauallos que con hazer vn
75 acometimiento se abiuan,[20] y no han menester herillos para esso.
Es el buen conosçimiento del cauallero conosçer lo que ha
menester su cauallo.

Conuiene que el tal hombre de armas sea primero cauallero
de la silla y sepa bien menear vn cauallo, correlle y paralle
80 primero que tome la la*n*ça en la mano, armado o desarmado, y
luego, desque esto sepas hazer, armado con todas armas, tu vista
calada,[21] tome[22] la la*n*ça en la mano y póngala en su lugar, y
póngase al cabo de la carrera, y segura tu cauallo, y carga*n*do

---

otorgar a su ahijado como sea christiano, otrosi, el que es padrino del cauallero noble,
desçiñendole la espada, confirma e otorga la caualleria que ha rresçebido' (99). Para
la fuente de estas observaciones, cf. Alfonso X, *Segunda Partida*, Título XXI, Ley xv
(II, 473b).

18 Meneallas] Asimilación por 'Menearlas'. Cf. herillos (l. 75), correlle (l. 79),
paralle (l. 79), enrristralla (ll. 87, 220), requerilla (ll. 88, 220), baxalla (ll. 88, 220),
tornalla (l. 93), herralle (l. 180), perdella (l. 223), remedialla (l. 224), atrauessalla (l.
255).

19 Engargantar] 'Meter todo el pie en el estribo hasta la garganta de él, de cuyo
nombre se forma antepuesta la preposición, En. Es modo de andar a caballo más
firme que galán y bien parecido' (*Dicc. Aut.*).

20 Avivar] 'Excitar, animar, infundir aliento, espíritu y viveza, para obrar con
mayor vivacidad y vigor' (*Dicc. Aut.*).

21 Vista calada] 'Calar . . . vale baxar alguna cosa para resguardarse y cubrirse, o
para otros efectos, como calar la visera, el sombrero, etc.' (*Dicc. Aut.*). Cf. l. 133.
Sobre la *vista*, véase Martínez: 'Otras veces se ha dicho *vista* en vez de *visera*'. Sobre la
importancia de la visera, dice Martínez: 'La visera movible de la edad media, o sea
cara del almete, que es la pieza más importante del yelmo, se componía de tres partes
separadas . . . Estas piezas movibles sobre un botón o eje colocado en las partes
laterales y a la altura de las sienes, se escurrían por la cresta del yelmo. La primera era
la *visera propia*, en la cual había agujeros o hendeduras para el paso del aire y facilitar
la visión: esta parte servía para la defensa de los ojos. En algunos yelmos, sobre esta
pieza o inmediatamente debajo se presenta un espacio libre o abertura horizontal,
llamada *vista*. La segunda parte de la visera se llamó *nasal*, y la tercera *ventalla*, y
ambas tenían también agujeros o aberturas para el paso del aire, de la luz y de la voz'.
Cf. ll. 133, 174, 281. Sobre los diferentes tipos de visera ('picuda' o 'roma'), véase el
Apéndice III.

22 El cambio abrupto de tratamiento, de *tú* a *usted* forma parte del estilo tosco de
Quijada, y he optado por no enmendar las inconsistencias.

85

90

sobre antes vn poco baxa que alta y queriendo partir, aperçibe tu cauallo y la persona, y leuantán dote sobre los estribos, y harás tres partes la carrera, y saliendo con galope no has de hechar tu lança abaxo ni enrristralla[23] de sobaco, y leuantando la lança hazia arriba y hechándola en el ristre,[24] requerilla,[25] y baxalla poco a poco, como pesa de relox, y baxándola y emendando el abiesso,[26] no hazer calada[27] ni santiguada,[28] y atrabessándola que cayga sobre la oreja izquierda del c[a]uallo.[29] Passado el

---

23 Enristrar] 'Poner o fijar la lanza en el ristre' (*Dicc. Aut.*). Cf. ll. 220, 222, 225, 176. Véase también *Paso honroso*: 'Desque los juezes cavalleros discretos vieron como estava ya dentro en la liça el esforçado cavallero Suero de Quiñones, capitán mayor, con la lança en el muslo; descendieron del cadahalso y fueron luego a él y dixéronle, que ellos fallan que de derecho de armas era que qualquier cavallero que las semejantes armas fiziese, que devía de salir enristrado por quitar los peligros que en perder de la lança se podría recreçer, que mandavan assí a él como a todos los otros cavalleros e gentileshomes, assí conquistadores como deffensores, que cada uno saliese enristrado sus lanças quando las armas fiziesse, si aquel día como todos los otros días siguientes venideros en que su rescate avía de acavar.

Oído por el capitán mayor del campo, Suero de Quiñones, el mandamiento de los juezes desuso les fizieron, reclamó contra él diziendo no ser justo, porque según vondad e soltura de todo buen cavallero, era gran fealdad salir assí enristrados lo qual de su poder él no consintía' (149).

24 Ristre] 'El hierro que el hombre de armas inxiere en el peto a la parte derecha, donde encaxa el cabo de la manija de la lanza, para afirmarle en él' (*Dicc. Aut.*). Cf. ll. 93, 112, 178, etc.

25 Requerir] 'Echar mano de las armas' (Cab. *Dicc.*). Cf. Miguel de Cervantes, *El ingenioso hidalgo Don Quijote de la Mancha*, ed. Luis Andrés Murillo (Madrid: Castalia, 1982), 3 vols: 'Y todo lo miraba el hidalgo, y de todo se admiraba, especialmente cuando, después de haberse limpiado Don Quijote cabeza, rostro y barbas y celada, se la encajó, y afirmándose bien en los estribos, requiriendo la espada y asiendo la lanza, dijo: "Ahora, venga lo que veniere; que aquí estoy con ánimo de tomarme con el mesmo Satanás en persona" ' (II, cap. XVII, p. 159). Cf. ll. 178, 200, 220.

26 Aviesso] 'Falta', 'error'.

27 Calada] 'El vuelo rápido y vario que lleva el ave de rapiña, ya levantándose, ya abatiéndose, ya torciendo y tomando vuelta, como lo ha menester, para dar caza a las aves que sigue' (*Dicc. Aut.*). De ahí, pues, al significado en el contexto de las lizas: 'Calada es menear la lança de arriba para baxo y de abaxo para arriba en la carrera' (cf. ll. 257–58). Véase también *Paso honroso*: 'A las diez carreras fizo dos caladas Diego Zapata, e non se encontraron. E a las onze carreras non se encontraron pero que barrearon las lanças, e passaron otra carrera que non se encontraron' (277).

28 Santiguada] Cf. ll. 258–59: 'Santiguada es menear la lança a man derecha y a man hizquierda'.

29 Texto: *cruallo*.

encuentro y llegando a la terçia parte d*e* [fº 3ᵛ] la carrera, sacar la
lança del ristre y tornalla a la cuxa.³⁰

      Y con*u*iene que deprendas de vn muy buen hombre de armas,
95 y no de muchos, porque como somos de muchas opiniones, cada
vno te lo dirá de su manera, y podría ser no tomar nada de
nenguno: por esso es mejor tomar liçión de vn buen hombre de
armas, y no de muchos. Y al correr de las lanças, has de boluer
sobre la mano hizquierda, y a los golpes de espada, sobre la
100 mano derecha.

---

30 Cuxa] 'Bolsa de cuero, que se ponía asida a la silla del caballo, para meter en
ella el cuento de la lanza, y llevarla segura en la marcha' (*Dicc. Aut.*). Cf. ll. 232, 276.
Cf. Alonso de Santa Cruz, *Crónica del Emperador Carlos V*, ed. Ricardo Beltrán y
Rózpide y Antonio Blázquez y Delgado-Aguilera (Madrid: Imprenta del Patronato de
Huérfanos de Intendencia e Intervención Militares, 1920–1925), 5 vols: 'Partidos de
aquí se fueron derechos a la ciudad de Praga muy bien acompañados de gente de
armas, yendo delante el Capitán de la ciudad con 250 caballos a la ligera y 47
hombres de armas con sus lanzas en cuja muy bien aderezados' (II, 309).

CAPÍTULO TERÇERO
De cómo se ha de hazer vn arnés[31]

La pasta[32] que ha de lleuar para que sea perfecto, dos partes de hierro y vna de az[er]o.[33] Las greuas[34] han de ser largas de abaxo, porque pareçe mejor, y de arriba como conuiene, y gruessas, porque como andan más çerca del lodo y del suelo,
105 siempre ay más que limpiar. Y no han de ser abiertas por abaxo; antes ha de auer vna ventanica por do salga el rodete del espuela. Para en la guerra, vsan medias grebas, con escarpe[35] de malla, y quixote[36] y medio quixote.

Las platas[37] han de ser de pieças, y justas a tu persona, y
110 ligeras. El faldaje[38] venga justo y no venga arregaçado,[39] y

---

31 Arnés] 'Es vocablo estrangero, de que usa el francés, el alemán, el flamenco y el inglés, *quasi* guarnes; y assí dezimos guarnido de todas armas' (Covarr. *Tes.*). Cf. l. 145. Cf. Hernando del Pulgar, *Crónica de los Señores Reyes Católicos Don Fernando y Doña Isabel de Castilla y de Aragón*, in *Crónicas de los Reyes de Castilla*, ed. Cayetano Rosell, Biblioteca de Autores Españoles, LXX (Madrid: Rivadeneira, 1953), 223–511: 'Fueron presos muchos de los Portogueses, entre los quales fue preso el alférez que traía el pendón del Rey de Portogal, e traído a la cibdad de Zamora. El Rey e la Reyna mandaron poner el arnés de aquel alférez que fue tomado, en la capilla de los Reyes de Santa María de Toledo, do está puesto fasta el presente día' (295b).

32 Pasta] 'Se toma . . . por lo mismo que massa, especialmente hablando de los metales' (*Dicc. Aut.*).

33 Texto: *azreo*.

34 Grevas] 'Cierta especie de botas o medias de acero que cubrían y defendían las piernas, desde la rodilla hasta la garganta del pie' (*Dicc. Aut.*). Cf. l. 107.

35 Escarpe] 'Zapato compuesto generalmente de láminas articuladas que cubría el calzado grueso del hombre de armas, desde la garganta del pie hasta los dedos inclusive, o sea el avampié. También se usaron de malla, con el extremo de acero y algunos con punta larga, afilada y hasta partida para herir al caballo del enemigo y dejársela dentro' (Leguina). Cf. l. 245.

36 Quixote] 'La armadura que cubre y defiende el muslo' (*Dicc. Aut.*).

37 Platas] 'Las dos piezas de que se compone la coraza, que son el peto y espaldar' (Martínez). Cf. l. 127. Cf. también Rodríguez: 'A las seis carreras encontró mossén Johan Fabra a Lope de Stúñiga en el peto de las platas e rompió su lança en él por la mitad' (164).

38 Faldaje] 'Pieza de la armadura que cae del peto como falda. No hay que confundirla con escarcelas' (Leguina).

39 Arregaçar] 'Es lo mesmo que alçar' (Covarr. *Tes.*).

45

escarçelas[40] de tres o quatro pieças, porque son más sueltas, y aforradas en paño. El ristre ha de ser rezio y haga conosçimien*to* en torno hazia arriba, y antes corto que no largo con su coz.[41] Los braçales[42] han de ser de torno, y la guarda ha de ser que 115 cubra bien el braço con su juego[43] de pieças. Los guardabraços de buena manera; el derecho con sus barras, y el yzquierdo algo más gruesso.

El almete[44] ha de venir justo a la cabeça, y quepa harta estofa,[45] con su barascudo[46] detrás, y armado, puedas comer y

40 Escarçela] 'Pieza de la armadura que pende del volante del peto. Tomó su nombre de la bolsa larga, por lo común de cuero, que estuvo en uso durante los siglos XIV y XV. En las armaduras ecuestres, era generalmente la derecha más corta que la izquierda, a fin de que fuese fácil montar a caballo y también porque la mayor parte de los golpes se recibían en el lado izquierdo' (Leguina). Cf. l. 131.

41 Coz] 'Se llama . . . aquella parte de la caxa del arcabuz, que se afirma en el hombro para hacer la puntería, que regularmente se llama culata' (*Dicc. Aut.*).

42 Brazal] 'Parte de la antigua armadura, que cubría el brazo hasta la muñeca. Por lo que hemos visto, el brazal propiamente dicho se componía de tres piezas: una que cubría el brazo, otra el codo, y otra el avambrazo. Para el hombro había una pieza llamada guardabrazo u hombrera' (Martínez). Cf. l. 142. Cf. también *Paso honroso*: 'A la terçera carrera Diego de Bazán varreó su lança con mossén Pere Fabra e desguarneçióle el braçal derecho e fízole tomar un gran rebés' (167).

43 Juego] 'Significa . . . la conveniencia u orden con que están dispuestas o colocadas algunas cosas, de modo que se correspondan' (*Dicc. Aut.*). Cf. l. 319.

44 Almete] 'Voz francesa, corrompida de *heaulme*, yelmo pequeño. Hay quien afirme que el yelmo, palabra goda, se dijo *yelmete*, y por corrupción *almete*. Esta voz se confunde muy a menudo por los autores con yelmo y celada' (Martínez). Desde luego, cualquier movimiento de un yelmo mal ajustado podría impedir la visión del caballero. Cabe notar que el yelmo mal ajustado podría llevar a consecuencias catastróficas no sólo en la liza sino también en el campo de batalla: véase el caso trágico de Don Juan de Cardona, Conde de Colosa, en Sicilia, que falleció en la batalla de Bicoca, el 7 de abril de 1522, 'de una saeta que le dio en el rostro, al tiempo que alzó la vista del almete para ver más claro lo que se debía hacer' (Fray Prudencio de Sandoval, *Historia de la vida y hechos del Emperador Carlos V*, ed. Carlos Seco Serrano, Biblioteca de Autores Españoles, LXXX–LXXXII [Madrid: Rivadeneira, 1955], 3 vols, I, 503b).

45 quepa harta estofa] El sentido de la frase es que el yelmo debe venir bastante estrecho, debido a la borra que lleva dentro. Cf. Joan Corominas y J. A. Pascual, *Diccionario crítico etimológico castellano e hispánico* (Madrid: Gredos, 1980), 6 vols: 'quizá [estofa] procede del latín STUPPA, con el sentido primitivo de "rellenar con estopa"'. Según Luis Zapata debe haber estofa dentro del yelmo 'porque no suenen los encuentros' (Apéndice III).

46 Varascudo] 'Pequeña arandela que defendía la sobrenuca del almete; también la pieza de refuerzo de guardabrazos, brazales y manoplas para tornear' (Cej. *Voc.*). Cf. también: 'parece que [varascudo] podría significar *escudo* para recibir el golpe de la *vara* o lanza de torneo, y en este caso equivalía a tarjeta' (Martínez). El texto dice erróneamente: *sus barascudo*. Cf. *Paso honroso*: 'A las siete carreras que pasaron encontró Pedro de los Ríos a Velasco en el barrascuro del guardabraço ezquierdo e desguarneçióselo e rompió su lança en él toda en rajas, desde el fierro hasta el arandela, fízose tres partes el asta, e tomó Velasco un comunal rebés' (205).

120 beuer con él, y en las quixeras en ygual, de las orejas çinco
agujericos en cruz, y la estofa por la parte de dentro, en ygual de
los çinco agujeros, saca[fº 4ʳ]do vn bocado tan redondo como la
oreja, por que puedas bien entender lo que te dixeren, y la vista
sea ancha acá baxo, que cubra bien las quixeras del almete, y
125 medio barbote,⁴⁷ con su alpartaz⁴⁸ de malla.

Las manoplas⁴⁹ vn poco anchas y a tu medida, y aforradas
por la parte de dentro con vn poco de cuero. Las platas con su
alpartaz de malla. Y en la guerra, conuiene lleues goçetes⁵⁰ de
malla, porque son prouechosos, y testera.⁵¹
130   Las pieças dobles⁵² de justa son ocho. Han de ser gruessas,
las quales son: bolante;⁵³ y escarçelón;⁵⁴ y guardabar[r]iga;⁵⁵ y

---

47 Barbote] 'Pieza de la armadura que servía para resguardar el cuello y parte
inferior de la cara. Los había hasta de cuatro piezas llevando la vista en la superior'
(Leguina).
48 Alpartaz] 'Una especie de saco de malla, o loriga, que parece tenía capucho,
que se ponía en la cabeza, y era lo que llamaban Almofar de la loriga' (*Dicc. Aut.*). Cf.
l. 128.
49 Manopla] 'La armadura con que se guarnece o cubre la mano' (*Dicc. Aut.*).
50 Gocete] 'Sobaquera de malla sujeta a la cuera de armas, para proteger las
axilas' (*DRAE*). Cf. *Paso honroso*: 'de su encuentro se desguarneçió todo el riestre e
quebráronse las ponteçillas dél, e desguarneçiógesele el goçete e la manopla por tal
manera que se hovo a desarmar' (201).
51 Testera] 'Pieza de la antigua barda del caballo catafracto o armado para la
batalla, que le cubría más o menos la testa según su tamaño o lonjitud. Se unía
superiormente a la capizana, y descendía hasta el hocico. Jeneralmente tenía orejeras
o piezas salientes para la defensa de las orejas del animal' (Martínez). Cf. ll. 250, 252,
275. Cf. *Paso honroso*: 'E como fueron desarmados embió Alfonso de Deza al
honrrado cavallero Lope de Stúñiga una testera de cavallo muy buena, e Lope de
Stúñiga diole muchas graçias por ello, e embióle luego Lope de Stúñiga a Alfonso de
Deza un buen cavallo, e ansí mesmo ge lo tuvo en señalada graçia Alfonso de Deza'
(298).
52 Pieças dobles] Es decir, la dobladura, 'piezas de refuerzo usadas, principalmente, para justas y torneos, que se colocaban sobre las sencillas de un arnés de
guerra' (Leguina).
53 Volante] 'Denominación aplicada a toda pieza que se sobreponía para
refuerzo en la armadura de los tiempos caballerescos' (Martínez). Cf. *Paso honroso*:
'A la quinta carrera que andubieron encontró Diego de Bazán a mossén Pere Fabra en
la guarda del braçal ezquierdo e falsógela, e el guardabraço e el bolante, e tocóle en el
peto e rompió su lança en él por tres partes' (167).
54 Escarçelón] 'Escarcela grande' (Leguina). Cf. arriba, n.40.
55 Texto: *guardabariga*.

la gran pieça, que tenga poco encuentro;[56] el bauerón;[57] y la vista, que tenga poco encuentro en la calua;[58] la sobreguarda sea grande, que cubra bien el braço;[59] y la sobremanopla.[60]

135   Y abiendo de justar, ha de ser clauada la gran pieça con vn clauo de cabeça redonda que tiene por debaxo del guardabraço y por çima muy rebatido el clauo, por que lança ninguna no pueda çeuar[61] en él. Y ha de lleuar dos correones, y el vno con vna euilla, clauados; y la gran pieça se ha de apretar por las espaldas

140   bien, por que del encuentro no té dé bofetón. La sobreguarda ha de yr clauada con vn clauo de cabeça redonda, y ha de yr metido por vn agujero que ha de auer en la guarda del braçal yzquierdo, y se ha de clauar la sobreguarda ençima de la guarda, y bien rebatido el clauo, que la lança no pueda çeuar en él.

145   Estos arneses encampronados[62] son muy galanes, mas nengún bien he visto quien ha justado con ellos, porque en mi tiempo he visto muchos muertos por la vista de rencuentro.[63] El

56 Gran pieça] 'Pieza de refuerzo' (Leguina). Cf. ll. 135, 139, 179.

57 Baverón] 'Bavera, armadura de la barba hasta la nariz' (Covarr. *Tes.*). Cf. *Paso honroso*: 'A las dos carreras encontró Pedro Carnero a Sancho de Rabanal en la bavera, e falsóle la una pieça della, e rompió su lança en él, e levó el fierro en él metido por la junta de la bavera con un troçón de la lança, e levólo fasta en cavo de la liça que ge lo sacaron con unas tenaças, e todos pensaron que iba malferido. E porque el fierro tocó en el almete detovo que non llegó al garguero, e non tomó revés ninguno, e huviéronle de desarmar el almete para sacarle el fierro' (325).

58 Calua] 'La parte superior [del almete] que cubre el celebro' (*Dicc. Aut.*). Cf. *Paso honroso*: 'A las siete carreras que anduvieron, tocó Antón de Funes a Pedro de los Ríos en la calva del almete, e non prendió nin rompió lança' (172).

59 Sobreguarda] 'Pieza de refuerzo que se colocaba sobre el codal o guarda del brazal' (Leguina). Cf. ll. 140, 143.

60 Sobremanopla (de justa)] 'En los antiguos torneos, pieza atornillada a la manopla de justa para reforzar la acción de la mano izquierda' (Cab. *Dicc.*).

61 Çeuar] 'El verbo cebar tiene la significación de prender, agarrar, penetrar, como cuando se dice que un tornillo ceba' (Alm. *Dicc.*). Cf. ll. 144, 162, 190, etc.

62 Encampronado] 'Guarnecer y fortificar alguna cosa con hierro u otra materia, para su mayor permanencia o seguridad' (*Dicc. Aut.*, s. v. encambronado). Cf. l. 152. Sobre la evolución del arnés encambronado, véanse Malcolm Vale, *War and Chivalry. Warfare and Aristocratic Culture in England, France and Burgundy at the End of the Middle Ages* (Athens, Georgia: University of Georgia Press, 1981), cap. 4, esp. pp. 112–28; y Peter N. Jones, 'The Metallography and Relative Effectiveness of Arrowheads and Armor during the Middle Ages', *Materials Characterization*, XXIX (1992), 111–17.

63 Rencuentro] 'Choque, combate entre dos cuerpos o tropas generalmente pequeños . . . Esta voz que también se escribe rencuentro, tomada por encuentro, combate, choque, y que hoy parecería galicismo o mal tomada del francés *rencontre*, está usada por un buen hablista del siglo XV, Alonso de Maldonado, que, describiendo los famosos hechos del clavero de Alcántara Don Alonso de Monrroy, dice: "Siempre peleó con gente que era mucho más que la suya y siempre salió vencedor, aunque uvo hartas batallas y rencuentros y otras cosas de guerra" ' (Alm. *Dicc.*, s. v. reencuentro). Cf. l. 151.

primero, el hijo del Conde de Oñate, en la casa de la reyna;[64] don Luys Osorio, en Tafalla de Nauarra; y en Çaragoça, don Gaspar, 150 hijo del Conde de Sástago;[65] y Gerónimo d'A*n*sa.[66]

Todos estos e visto morir de rencuentro, y más, que no escriuo yo. Nunca justé encampronado por*que* siempre me hallé bien con lo castellano. Cada vno puede justar como mejor le paresçerá.[67]

64 Don Pedro Vélez de Guevara, hijo mayor de Don Pedro Vélez de Guevara, segundo Conde de Oñate. La única referencia que he podido encontrar a la muerte de este caballero es la que menciona Alonso López de Haro, *Nobiliario Genealógico de los Reyes y Títulos de España* (Madrid: Luis Sánchez, 1622), 2 vols: 'fue muerto de vn astillaço de lança, justando en la casa de la Reyna' (I, 498b). Lamentablemente, López de Haro no proporciona la fecha o el lugar del accidente, pero debe de haber ocurrido después del año 1530 ya que en este año hay una mención de Don Pedro en Sandoval, *Historia de la vida y hechos del Emperador Carlos V*, II, 418b.

65 Después de hojear las crónicas y otros textos pertinentes, entre ellos, Antonio Pérez Gómez, ed. *Pliegos sueltos sobre el Emperador Carlos Quinto*, Opúsculos Literarios Rarísimos, XII–XIII (Valencia: Duque y Marqués, 1958); Amalio Huarte, ed. *Relaciones de los reinados de Carlos V y Felipe II* (Madrid: Sociedad de Bibliófilos Españoles, 1941–1950), 2 vols; Jenaro Alenda y Mira, *Relaciones de solemnidades y fiestas públicas de España* (Madrid: Rivadeneyra, 1903), 2 vols; y José Hesse, *El deporte en el Siglo de Oro* (Madrid: Taurus, 1967), no he podido localizar ninguna referencia concreta a la muerte de Don Luis y Don Gaspar.

66 Sobre Jerónimo de Ansa, véanse la Introducción y el Apéndice II.

67 Sobre el justador y su arnés, merece la pena citar a Gonzálo Fernández de Oviedo, *Las memorias de Gonzalo Fernández de Oviedo*, ed. Juan Bautista Avalle-Arce (Chapel Hill: University of North Carolina Press, 1974), 2 vols: 'El hombre darmas, o justador, se comiença armar desde la cabeça, e lo primero que haze es quitarse el yelmo. E así quando se començó a armar se puso primero las espuelas, e después de calçadas asiéntanse las greuas e por el calçañar de la greua sale el asta de la espuela por çierta muesca o abertura que para ese efecto la greua tiene en el talón hecho. E después proçeden las armas rrestantes, hasta que al fin toma el yelmo, e aquél enlazado, caualga a cauallo o vase a pie, si el combate ha de ser a pie con las armas ofensiuas que más le conuiene lleuar' (I, 215).

[fº 4ᵛ] CAPÍTULO QUARTO
Que trata de la justa

155 Si ouieres de justar, conuiene que tengas cauallo que corra claro
y salga con galope. Y hazle estar junto al cabo de la tela,[68] y antes
que tengas la lança en la mano, ha de mirar tu padrino que vaya
tiesto[69] el borne[70] o euilla. Conuiene que si fuere euilla, que al
guarneçer, el hastero[71] le haga assiento en la madera tiesta, que
160 encaxe muy justa y que no passe de la meytad y poco más de la
euilla, por que encontrando sea tiesta la euilla, tocará a la
madera y no çeuará: por tanto, se entiende que de yr guarneçida
la euilla o borne muy justo y atestado con vn maço que entre por
debaxo muy justa, porque si encuentra y cabeçea[72] tantico a vn
165 cabo o a otro, no romperá.

Conuiene que los juezes tengan tal auiso que el hastero las dé
por medida que no sea más vna que otra, porque si vna es vn
dedo más larga que otra, la que llegare primero romperá, y la
otra estará en duda. Conuiene que los juezes manden a vna
170 persona en su assiento que[73] tenga almagre[74] y toque las euillas o
bornes, porque dondequiera que tocare o encontrare quedará
señalado.

Conuiene que esté al cabo de la tela con su lança en la mano y

---

68 Tela] 'Se toma . . . por el sitio cerrado y dispuesto para fiestas, lides públicas y
otros espectáculos. Llámase assí porque solía cerrarse con telas, y en algunas partes
ha quedado este nombre a los sitios en que se armaba la tela' (*Dicc. Aut.*). Cf. ll. 173,
176, 242, 249.

69 Tiesto] 'Duro, firme, y sólido, y que con dificultad se dobla o se rompe' (*Dicc.
Aut.*, s. v. tieso). Cf. ll. 159, 161, 171, 185.

70 Borne] 'El extremo de la lanza con que se justaba' (*Dicc. Aut.*). Cf. ll. 125,
131, 141, etc.

71 Hastero] 'El encargado de dar las lanzas a los justadores' (*DRAE*). Cf. l. 166.

72 Cabeçear] 'Dar de cabeça . . ., menearla de un lado para otro' (Covarr. *Tes.*).
Cf. l. 197.

73 *que* se repite.

74 Almagre] 'Es una tierra colorada con que los asserradores y carpinteros suelen
señalar las líneas por donde han de asserrar el madero o tabla, desatándola en agua y
tiñendo en ella una cuerda que, estendida de estremo a estremo del madero, la
golpean, levantándola con los dedos, y queda señalada en él, por la qual se rigen al
asserrar' (Covarr. *Tes.*). Cf. ll. 187, 201.

su vista calada, y llamando la trompeta,[75] respondie*n*do, partir
175 con galope, y si vees que tu co*n*trario no sale, buéluete al cabo de
la tela, que si partes de tropel, quando no te cates, eres al cabo de
la tela y haste de tornar de donde partieres. Y si vieres que tu
contrario sale, echa tu lança en el ristre, requiriéndola y
atrauessándola, y hazle el encuentro a la cabeça o a la gran pieça
180 y al arandela,[76] por no herralle.

No has de çerrar los ojos,[77] porque si los çierras, no
encontrarás ni verás por dónde va tu lança; ni tampoco has de
mirar la lança de tu contrario, porque si la miras, pareçerte ha
que te la quiere meter por los ojos. Y has de [fº 5ʳ] mirar a tu
185 borne o euilla, y pon[er]la[78] en medio de donde le quisieres
encontrar, sea a la cabeça o al arandela, que puedas dezir a tu
padrino: '¡Anda! Mira el almagre, *qu*e en tal parte le encontré'.

Conuiene que el tal justador ha de engoçetar[79] la lança,
porque si encuentra y no va engoçetada, torna atrás hasta
190 engoçetar y no çeua el borne ni euilla, y pierde el encuentro, de
no romper; y si rompieres, no sueltes el troço de la mano hasta
que te lo tomen. Por tres cosas no rompen los que justan: la
primera, por çerrar los ojos y mirar la lança del contrario; y
también por no engoçetar que encuentra y torna atrás la lança
195 hasta engoçetar, y si no çeua el borne ni euilla; la terçera es por

---

75 Cf. *Paso honroso*: 'e muy honrrosamente amos a dos llegaron al campo, con
trompetas e menestriles como cavalleros que eran mereçedores de aquello e de mucho
más' (293). Cf. también *Paso honroso*, capítulo XCVIII.

76 Arandela] 'Una defensa de la mano derecha que se clava en lo gruesso de la
lança de hombres de armas, para defensa de la mano en forma de un embudo'
(Covarr. *Tes.*). Cf. l. 186.

77 Cerrando los ojos era (y lo es todavía) una reacción instintiva en el momento
del impacto. Cf. también el *Livro da ensinança de bem cavalgar toda sela que fez El-
Rey Dom Eduarte de Portugal e do Algarve e Senhor de Ceuta*: 'E quanto aa vista,
falecem alguus por çarrarem os olhos em se apertando aa ora do encontrar, e nom se
conhecem pollo fazer muyto trigosamente. E outros, ainda que o entendam, assy som
forçados de sua condiçom que lhe nom conssentem em aquel ponto que o encontro
topa de os teerem abertos. Outros, por se mal saberem armar do elmo ou do scudo,
perdem a vysta. E alguus, por nom saberem tornar o corpo pera encontrar e gaanhar a
vista, volvem os olhos soomente no elmo ou a cabeça, e por levarem sua contenença
dereita leixom de veer ao tempo dos encontros. E pera remedio destes quatro erros, he
grande avantagem trazer conssigo tal pessoa que no cabo da carreira pregunte ao que
justa per hu errou ou tocou; ca se ryjo encontrar, nom sse pode certo saber. E se vyr
que nom concerta todallas vezes, logo lhe diga que nom vee, e quanto desvaira da
verdade, e que se avise de nom çarrar os olhos; e desta maneira pode scusar o primeiro
erro suso dito' (82).

78 Texto: *ponrela*.

79 Engoçetar] 'La lanza en el ristre. Colocarla de manera que tenga mejor punto
de apoyo para resistir la violencia del encuentro con el adversario' (Leguina). Cf. ll.
189, 194, 199.

no yr bien justo y guarneçido en la madera el borne, y si afloxó en encontrando, cabeçea a vn cabo o a otro, y desbara, y no çeba. Por esso, deuen de mirar los padrinos que el tal justador que la lança vaya bien guarneçida y el borne tiesto y engoçetada, y
200 requerida la lança, y no çerrar los ojos al tiempo del encuentro, y pareçerse ha con yr almagrado el borne, y el tal justador tenga conosçimiento dónde le encuentra y diga dónde le encuentra.

Marauíllanse mucho algunos caualleros porque vn buen hombre de armas da buen encuentro. También le puede dar
205 como otro que no sea buen hombre de armas, porque no es en mano del buen hombre de armas dexar de dar encuentro feo, que la culpa del encuentro feo tiénela el cauallo o la carrera, porque corriendo el cauallo tantico que entropieça, haze sentimiento al cauallero, y assí la lança mimbra azia baxo, y lo que es al ristre vn
210 dedo es al borne dos palmos. Y assimesmo, corriendo el cauallo, leuantando las dos manos, pone la vna más baxa que la otra, y házele hazer señal a la mano que pone más baxa, y si açierta al tiempo del encuentro, puede dar encuentro feo, porque la mesma señal que el cauallo haze, esso haze el cauallero. Si la carrera
215 fuesse tan llana y tan ties[fº 5ᵛ]ta que no tropeçando el cauallo, el buen hombre de armas no daría encuentro feo.

Algunos justadores lleuan la lança alta hasta el tiempo del encuentro y báxanla de vn golpe, y puede blandear hazia baxo y dar encuentro feo: por esso es mejor, so emienda de otros
220 pareçeres, enrristralla presto, e requerilla y baxalla poco a poco, como pesa de relox, que baxar y encontrar sea todo a vn tiempo. A mí me paresçe que es mejor enrristrar temprano, porque [si] [80] acontesçe en la carrera vn reués con la lança, como perdella [u] [81] otra cosa, tenéys lugar de remedialla y podréys hazer encuentro,
225 y si enrristráys tarde, no tenéys lugar de remedialla; y si la perdéys porque viene el contrario tan de presto, que no da lugar que la cobréys. Si al hombre de armas acontesçe perder la lança y, por ser buen hombre de armas, la cobra y haze encuentro a su contrario, no la daré por perdida aquella tal lança, porque por
230 ser buen hombre de armas la cobró e hyzo encuentro a su contrario.

[Si] [82] acontesçe, al parar el cauallo, salirse la lança de la cuxa, por descuydo, o al enrristrar auer algún reués, no es de marauillar, porque a muchos buenos hombres de armas acon-

---

80 si] Omitido en el texto.
81 u] Omitido en el texto.
82 Si] Omitido en el texto.

235 tesçe.[83] Juzgan los juezes, que no pueden dexar de juzgar sino conforme a las condiçiones del cartel.

Y mucho aprouecha lleuar buenos padrinos el tal justador, para dezir a su ahijado lo que le paresçe y demandar a los juezes el derecho de su ahijado, y acontesçe los padrinos tomar la

240 demanda por los ahijados: por esso conviene que en justa o torneo lleues padrinos que lo sepan hazer y dezir, y para que no te haga mal ni estorbo justando en tela o en contra tela, tengas[84] poner en los estriuos vnas barras, de manera de puente, clauadas en cada estriuo por la parte de dentro y por manera que puedas

245 bien meter el estriuo con el escarpe, y estas barras que se puedan quitar y poner con sus clauos.

Justando, trabaja de no dar encuentro feo, que es el encuentro [fº 6ʳ] encontrar de la çinta abaxo a tu contrario, o encontrar en la silla;[85] y encontrar en la tela es mucha fealdad, o

250 encontrar en la testera del cauallo.[86] Ay cauallos que quando corren lleuan la cabeça alta hasta el tiempo del encuentro, y dan ocasión que los encuentren en la testera, y tocar con la lança en ella ni barrear lança no es bueno, porque acontesçe romper lanças atrauessadas, y son mal rompidas porque los juezes las

255 juzgan por malas. Entiéndese lança barreada atrauessalla mucho por la otra parte, que no encuentra, y rómpese mal rompida. Calada es menear la lança de arriba para baxo y de abaxo para arriba en la carrera. Santiguada es menear la lança a man derecha y a man hizquierda. Todo esto es malo y feo. El que

260 pudiere justar sin hazer nenguna fealdad destas será buen cauallero del hábito militar.

---

83 Cf. *Paso honroso*: 'A las nueve carreras encontró don Juan a Lope de Stúñiga en el guardabraço izquierdo, e dobló su lança en él sin la romper, e salióle del riestre por so el sobaco, e fuésele atrás, e ansí la echó en el suelo. E Lope de Stúñiga non tomó revés ninguno, e don Juan de su encuentro tomó un comunal revés' (390).

84 tengas] se entiende 'tienes que'.

85 Cf. *Paso honroso*, por ejemplo: 'A las seis carreras barrearon las lanças, e como echó Sancho su lança en el suelo, tocó con el fierro en una parte de la liça, e metióse el cuento della entre el arçón delantero de la silla y el faldaje de las platas en derecho del bientre, e fízole tomar a él e al cavallo un gran revés, que si no topara en la liça por muy poco cayeran el cavallo e él' (309).

86 Cf. *Paso honroso*: 'A las tres carreras encontró Alfonso de Cabedo en el pezcueço del cavallo de Sancho de Rabanal, e atrabesógelo de parte a parte, e salió mucha sangre dél, e rompió su lança. E Sancho de Rabanal encontró a Alfonso de Cabedo en la bavera, e fízolo tomar un comunal revés, e non rompió lança, pero por dar el encuentro feo que Alfonso dio en el cavallo, contaron a Sancho la lança por ronpida según la condición de los capítulos que sobre esta empresa se fizieron, e truxieron otro cavallo a Sancho' (279). Cf. también *Paso honroso*, 373–74, 379–80.

CAPÍTULO QUINTO
Que trata de la guerra

Si te hallares en guerra, conuiene que lleues vnas cabeçadas[87] de visagras bien labradas a la medida del cauallo, y asidas en el freno, y puestas con vnas çintas por debaxo de las cabeçadas, y
265 de cuero, y las riendas de cadena y bien labradas,[88] y cortos los eslauones, y vnos estribos, que salga vuestro anillo por donde se metan los açiones, o vna media visagra que salga del estribo para que se hagan vnos açiones de[89] visagras, bien l[a]brados[90] y estañados de paella,[91] y se enclauen en aquella media visagra, y
270 de largor que lleguen ençima de la mitad de la ropa de la silla. Y la postrera visagra, ha de ser el cabo della de manera de euilla, do se pueda poner vn pedaço de açión con su euilla por que se puedan acortar y alargar los estribos.

Y lleuarás la silla armada, y encubertado tu cauallo con
275 cue[fº 6ᵛ]llo y testera. Y has de lleuar tu lança en la mano y puesta en la cuxa. Y partiendo con galope, heechando tu lança en el ristre, hazle el encuentro a la barriga, y rompida la lança, hecharás mano al estoque, que ha de estar colgado en el arzón delantero, a la mano hizquierda, puesto de manera que, avnque
280 heches mano, no se te salga la vayna tras él. Y peleando con ellos,

---

87 Cabezada] 'Se llama . . . la guarnición del bocado, que se pone a los caballos con que se afianza el freno' (*Dicc. Aut.*). Cf. l. 264.

88 Era de suma importancia en la guerra reforzar las riendas con cadenas de hierro ya que, si las riendas fueran cortadas el caballero perdería control del caballo. Véase, por ejemplo, la muerte de Fernando de Castrionte, Marqués de Civita Sant Angelo en la batalla de Pavía, año de 1525, según la descripción de Fray Prudencio de Sandoval, *Historia de la vida y hechos del Emperador Carlos V*: 'El iba en un buen caballo castaño escuro, a la ligera, aunque no tan proveído de cadenas en las riendas y guarniciones como fuera menester, el cual descuido le costó la vida . . . Y yendo peleando le cortaron las riendas del caballo, por el descuido de no llevar cadena de hierro (como dije). Y como el caballo se sintió suelto metió a su dueño por el tropel de los enemigos, aunque él siempre con su maza de hierro iba hiriendo a una parte y a otra, hasta que fue a dar donde el rey de Francia andaba. El cual, con una gruesa lanza que traía, le encontró, de suerte que, como el marqués iba armado a la ligera, o estradiota, le derribó muerto en tierra' (II, 79a–83b).

89 *de* se repite.

90 Texto: *lsbrados*.

91 Paella] Voz desconocida. Tal vez 'pátina' (< Lat. PATELLA); o bien podría ser sinécdoque por el proceso de estañar alguna cosa.

golpes a la vista y a las escotaduras,[92] que es la barriga y los
sobacos, de[s]que[93] le ayas perdido o quebrado.

Echarás mano al espada de armas, la qual lleuarás çeñida al
lado yzquierdo, y peleando desque la ayas perdido o quebrado,
285 hecharás mano al martillo, que ha de yr asido de la çinta con su
presa[94] al lado derecho. Hechando el braço hazia baxo, toparás
con él, y alçando para arriba soltará la presa, y allándote con él
en la mano, harás lo que podrás hasta que le pierdas.[95] Y despúes
de perdido, boluerás la mano atrás y tomarás la daga de las
290 espaldas, y aferrarás con tu enemigo con todas estas armas que
has de pelear, los golpes y el encuentro a las escotaduras, que es
la barriga y los sobacos, y a la vista, con el estoque o espada y con
el martillo a las manos, porque atormentando la cabeça y las
manos luego te será rendido. Algunos tienen por opinión que es
295 bien matar el cauallo a su contrario. Todo me pareçe bien en
disfauor de tu contrario. Si en tal te vieres, harás como mejor te
paresçerá, porque el contrario a pie y tú a cauallo, en gran
señorío le tienes.[96]

92 Escotadura] 'En los petos de armas es la sisa o parte contada debaxo de los
brazos, para poderlos jugar y mover' (*Dicc. Aut.*). Cf. l. 291. Sobre la vulnerabilidad
de esta parte de la armadura, véase el caso de Rodrigo Téllez Girón, Maestre de la
Orden de Calatrava, quien fue herido gravemente durante el cerco de Loja en 1482, y
pereció poco después, el 3 de julio de 1482. Los últimos momentos del agonizante
caballero se describen así: 'En aquella pelea murió el Maestre de Calatrava de dos
saetadas que le dieron. Fue la una por baxo del brazo, por la escotadura de las
corazas, tan mortal que incontinente fue a caer del caballo, como cayera, si no porque
Pedro Gasca, caballero de Avila, que iba a su lado, se abrazó con él, e le tomó, e llevó
ansí fasta su aposento, donde murió dende a poco' (Pulgar, *Crónica de los señores
Reyes Católicos Don Fernando y Doña Isabel de Castilla y de Aragón*, 372b).
93 Texto: *de que.*
94 Presa] 'Presilla, garra, mano' (Cej. *Voc*).
95 Los tratados sobre el arte de manejar el hacha o el martillo en el combate son
muchísimo más raros que los tratados sobre la justa y la esgrima. Véase Sydney
Anglo, '*Le Jeu de la Hache*. A Fifteenth-Century Treatise on the Technique of
Chivalric Axe Combat', *Archaeologia*, CIX (1991), 113–28.
96 Sobre la puesta en práctica de este tipo de instrucción y el uso frenético de las
armas en plena guerra, véanse los siguientes dos ejemplos: 'E los caballeros de la una
parte e de la otra, perdidas las lanzas vinieron a las espadas, e andaban mezclados
unos con otros, firiéndose tan crudamente, que muchos dellos por estar tan juntos, no
se podían aprovechar de las espadas, e peleaban con los puñales' (Pulgar, *Crónica de
los Señores Reyes Católicos Don Fernando y Doña Isabel de Castilla y de Aragón*,
343b). También: 'El Maestre . . . comenzó a darles con el hierro de la lança.
Hernando de Monrroy, el señor de Monrroy, que con otra lança estaua, no hazia sino
derrocar hombres del adarue abaxo; y como quiera que el maestre Don Alonso de

---

Monrroy le durase poco la lança de la priesa que le dauan, porque por aquella parte
auía cargado mucha gente, echó mano a su espada, y la adarga echó del braço hecha
pedaços' (Alonso de Maldonado, *Hechos de Don Alonso de Monroy, Clavero· y
Maestre de la Orden de Alcántara*, en *Memorial Histórico Español: Colección de
Documentos, Opúsculos y Antigüedades*, VI [Madrid: Real Academia de la Historia,
1853], 73–110, en la pág. 99).

CAPÍTULO SEXTO
Para enfrenar cauallos desbocados

Para vn cauallo que tuuiere la quixada gruessa y junta vna con
300 otra de lo alto, que le hagan vn freno a tenazas[97] con dos
baruadas,[98] y si por que él no se quisiere regir, que le hagan vn
freno con dos lanternas,[99] los pilaretes [fº 7ʳ] torçidos, y vna
pieça en el medio con tres molinetes arriba y las camas[100] algo
larguillas.
305   Un cauallo boquiconejuno,[101] que le hagan vn freno de
scacha[102] delgada, y si por aquel no se quisiere regir, que le

97 A tenazas] Es decir, de acero. Los tenaceros eran los que labraban el acero con tenazas.

98 Barbada] 'Cierto género de cadenilla o hierro corvo, que de cama a cama del freno atravessado se pone a los caballos o mulas por debaxo de la barba, y sirve para sujetarlos, y que obedezcan al freno' (*Dicc. Aut.*). Sobre la importancia de la barbada véase Luis Zapata, *Miscelánea*, en *Memorial Histórico Español: Colección de Documentos, Opúsculos y Antigüedades*, XI (Madrid: Real Academia de la Historia, 1859): 'A un caballero en Salamanca justando se le quebró la barbada del freno de su caballo, que disparó como un rayo sin poderle detener su amo, y paró al fin, metiéndose con el caballero en una casa, y por una puerta tan baja, que para sacarle fue menester desensillarle, sin recibir el que en él iba ningún daño' (482–83). Cf. ll. 310, 323, 325, 327.

99 Linterna] 'Se llama . . . la jaula de hierro en que se suelen poner las cabezas de los ajusticiados para que no las quiten del sitio donde se mandan poner' (*Dicc. Aut.*).

100 Camas] 'Se llaman los tiros del freno en que están asidas las riendas con que se gobierna el caballo' (*Dicc. Aut.*). Cf. ll. 309, 321.

101 Boquiconejuno] 'Llaman assí al caballo que tiene la boca parecida a la del conejo: y regularmente no se suele enfrenar bien, por lo qual corre peligro de desbocarse' (*Dicc. Aut.*).

102 Scacha] Escacha. Cf. también, Escachuela (l. 325). Cf. Juan Suárez Peralta, *Tratado de la cavallería de la Gineta y Brida* (Sevilla: Fernando Díaz, 1580), ff. 87ᵛ-88ʳ: 'También es bueno y le aprovechará ponelle una scacha con dos botones encaxados: y tanto cuanto fueren gruessillos es mejor. Y en cada vanda del ñudo cerca del botón se podrían poner dos anilletes, y suele aprovechar que trae la lengua de fuera'. En realidad un freno hecho de cualquier materia podría funcionar en este caso, pero el problema sería que el caballo lo masticara y / o lo destruyera. Esta forma de pensar es, desde luego, anticuada, y las recomendaciones de Quijada tienen más que ver con las patrañas populares de la época que con la ciencia hipológica. Hoy día los jinetes no suelen prestar atención a la forma de la boca del caballo porque, a pesar de las implicaciones del verbo, no es esta la razón por la que los caballos se desbocan. Para controlar el caballo sin usar un freno el jinete tendría que aplicar un bozal. Véase también el remedio que recomienda Chacón, *Tratado de la cauallería de la gineta*:

hagan vn freno de melones rajados, y los tiros de buena manera.

Para vn cauallo que es bla*n*do de boca,[103] y se va, que le hagan vn freno de melones lisos, las camas vn poco larguillas con
310   dos barbadas, y sea corto de anillos.

Para vn cauallo que abaxa la cabeça, que le hagan vn bocado trabado de coscojos,[104] con sus saliberas para q*u*e sabore[e][105], y los tiros cortos y derechos, q*u*e sea*n* metidos adela*n*te.

Para vn cauallo que tiene la lengua gruesa, que le hagan vn
315   freno de espejuelo[106] para que meta su le*n*gua y para que la bañe, y vnos melones lisos, los tiros vn poco larguillos, y el bocado no sea ancho.

Para vn cauallo que beue el freno, que le hagan los tiros de la parte de arriba del juego algo largo, co*n* vna barreta al trabés[107]
320   y llena de coscojos rajados, y junto a los anillos de a[r]riba,[108] y si por dicha quisiere tomar la cama con el beso, que le pongan vna cadenica y den medio de aq*ue*lla que salga otra que asga en la barbada.

Para vn cauallo que sea natural de boca, y se fuere, que le
325   haga*n* vn freno d*e* escachuela delgada y vna barbada torçida, y si no quisiere boluer, tanto a vna mano como a otra, q*u*e le po*n*gan la barbada al reués co*n* dos molinetes rajados.

'El cauallo que fuere boquiconejuno aurá menester el freno corto de mosal y la barbada redonda y los tiros en compás del freno' (fº avi^v). En su definición de la palabra 'mosal',—el 'bocado del caballo'— Corominas, en el *Diccionario crítico etimológico castellano e hispánico*, cita este texto de Chacón.

103 Blando de boca] 'Se dice propriamente del caballo o mula, yegua, o macho que por tener la boca delicada y suave siente mucho los toques del bocado' (*Dicc. Aut.*). Véase también el remedio que sugiere Chacón, *Tractado de la cauallería de la gineta*: 'El cauallo que fuere muy blando de boca aurá menester encordarle el freno y quedaría más tiesso' (fº avi^v-avii^r).

104 Coscojos] 'Cierto género de rodajuelas, llenas de puntas, como las de la hoja de la coscoja, que en los frenos o bocados de brida u de ginete se ponen para domeñar los caballos duros de boca' (*Dicc. Aut.*). Cf. Covarr. *Tes.*: 'La hoja seca de carrasca que puncha con las espinillas que tiene; *latine cusculium vel quisquilium*, especie de encina, de la qual se coge la grana en unas vexiguillas pequeñas; y esta grana se llama *cocus infectorius*; y de allí se dixeron coscojos, las rodajuelas de puntas que echan a los frenos para domeñar los cavallos duros de boca'. Cf. l. 320.

105 Texto: *sabore*.

106 Espejuelo] 'Cierto género de conserva hecha de tajaditas largas de la cáscara de cidra u de calabaza, que con alímbar se ponen transparentes como el espejo' (*Dicc. Aut.*). Cf. Pedro Fernández de Andrada, *De la naturaleza del cavallo* (Sevilla: Fernando Díaz, 1580), fº 88^v: 'Importa ponerles a los tales cavallos frenos muy abiertos, o de espejuelo, porque con ellos salva la lengua, aunque sea gruessa, y se les da holgura'.

107 Al través] 'Modo adverbial, que vale por alguno de los lados, y no rectamente' (*Dicc. Aut.*).

108 Texto: *ariba*.

Para vn cauallo q*ue* se empina,[109] que le eche*n* vna gamarra.[110]

330 Para vn cauallo q*ue* abre la boca, q*ue* le eche*n* vna mugerola.[111]

Para vn cauallo que junta la barba co*n* el pecho, y se va, que le hagan vna bola algo gruesa y se la pongan junto a la gola, y ha d*e* tener vn agujero algo gra*n*de por do se meta vn cordón con que se

335 ate arriba a la cabeçada junto al cocote para que cayga bien debaxo de la gula, y puesta, no le dará lugar q*ue* junte la barba con el pecho, y podrá ser que [f° 7ᵛ] no se vaya a otros cauallos. Lo he prouado, y les ha aprouechado, y no yrse.[112] Esta bola se puede aforrar en terçiopelo, y atado arriba el cordón, que no se

340 vaya al pescueço, y ha de ser de seda y gruesso.

Y parésçeme que es bie*n* tener los cauallos o quartagos[113] con

109 Empinarse] 'En los caballos es ponerse sobre los pies levantando las manos y el cuerpo a un tiempo' (*Dicc. Aut.*).

110 Gamarra] 'Correa que sale de las cinchas por los pechos del caballo y para en la mucerola del freno, adonde se afianza por la parte inferior: y sirve para assegurar la cabeza del caballo y que no se picotee' (*Dicc. Aut.*). Cf. *El libro de los caballos. Tratado de albeitería del siglo XIII*, ed. Georg Sachs, *Revista de Filología Española*, Anejo XXIII (Madrid: C. Bermejo, 1936): 'Sj el cauallo tira de pechos, raerle la boca vn poco e tostargela mucho con los fierros dichos, e quando fuere guarido echar le este freno que a nombre garçon de puerta, e que aya las camas largas e testas, e poner le dos gormeras, la vna commo a otros frenos e la otra de cadena e mas estrecha, e las camas luengas e tiestas' (11).

111 Mugerola] 'La correa de la brida o cabezada que pasa por la nariz del caballo y sujeta los montantes, carrilleras o quijeras' (Cab. *Dicc.*, s. v. muserola). Cf. también: 'Cierto género de correa que echan a los caballos por las quixadas, la qual los aprieta de manera que no puedan abrir la boca con fealdad' (*Dicc. Aut.*, s. v. muserola). La muserola parece haber sido más un adorno que una pieza de defensa, según Leguina. Cf. también arriba, n.110.

112 y no yrse] se entiende 'y no se van'.

113 Quartago] 'Caballo pequeño o mal proporcionado en los quartos' (*Dicc. Aut.*).

suelta[114] rata,[115] porque están más quedos y engordan más
estando assí, y vn cauallo, estando con sueltas en el campo, si se
suelta, luego le pueden tomar, porque he visto en mi tiempo,
345 estando en campo, soltarse vn cauallo sin sueltas y hazer soltar a
otros veynte: por esso es bien tener en el campo o en la villa con
sueltas los cauallos, y adondequiera que estén, porque abren los
braços y leuantan más, estando acostumbrados a tener suelta
rata.
350   Esto es lo que me ha paresçido que se requiere para que el
hábito militar de la cauallería se açierte a exerçitar. Si yo en ello
no he tenido aquel juyzio que en tal obra se requería, suplico a
los que este libro vieren que le den perfectión y a ti enseñen, para
que por medio de todo esto yo cobre fama y tú ganes honrra, que
355 es lo que vn bueno para esta vida ha de procurar.
    **Fue impressa la presente obra, llamada *Doctrina del arte de
la cauallería*, en la noble villa de Medina del Campo, por Pedro
de Castro, impressor de libros, en la calle de Salinas. Acabóse a
veynte y dos días del mes de octubre, de este presente año de mil e**
360 **quinientos y quarenta y ocho años.**

114 Suelta] 'Se llama la traba o maneota con que se atan las manos de las
caballerías, que pacen' (*Dicc. Aut.*). Cf. ll. 343, 345, 347. Cf. *El libro de los caballos*:
'Ay muchos cauallos que son muleros, e por esta razon uienen muchos periglos alos
cauallos que fallamos en los sabios antigos. E un cauallero auie vn tal cauallo e auie
enemigos, e sopieron lo sus enemigos, e por passar a el leuaron una mula que amaua
marido; e quando se fallaron con el, dieron de mano a la mula, e el cauallo quando la
sentio, faroneo que non lo podieron quitar della e mataron le; e muchos otros
exemplos semeiables destos que nos dan los sabios que acaeçen a tales cauallos como
estos. Pues pora toller esta mala manera conuiene de auer una yega e fazergela saltar
tres uezes o quatro, que por raçon de la yegua pierda el de la mula. E otrossi ay otra
manera: tomar un mulo muy fuerte e soltarle en establo e echar unas sueltas al
cauallo, e dexar los pelear una grand pieça fata que entiendan que el mulo es ademas
sobrepuesto al cauallo e quel tiene por uenzudo, e tollergelo e non auer cuydado nin
pesar del una pieza, e tomar le e endrezar le; e por estas dos maneras fallo que se
pierde esta maldat' (66).
    115 Rato] 'Firme, cumplido y acabado' (*Dicc. Aut.*). Cf. l. 349.

APÉNDICE I
Semblanza de Don Beltrán de la Cueva, Tercer Duque de Alburquerque

(Alonso López de Haro, *Nobiliario Genealógico de los Reyes y Títulos de España*, [Madrid: Luis Sánchez, 1622], 2 vols, I, 348b–350a)

Don Beltrán de la Cueua, tercer Duque de Alburquerque, Marqués de Cuéllar, Conde de Ledesma y Huelma, sucedió en esta casa y grandes estados al Duque Don Francisco su padre; fue cauallero de la orden del Tusón de Oro por gracia y merced del Emperador don Carlos, el año de mil quinientos y treinta y quatro, estando en la ciudad de Toledo. Fue vno de los Grandes del Reyno que más se señalaron en seruicio deste Inuictíssimo César. Fue muy dado al exercicio de las armas y cauallería desde su edad floreciente. Hallóse juntamente con los Gouernadores destos Reynos, que eran el Almirante y Condestable en la batalla que se dio a los comuneros junto a Villalar, que tenían estos Reynos leuantados, donde se señaló como valiente y generoso cauallero, y fueron presos y desbaratados los de la comunidad, y sus Capitanes puestos en prisión, y el día siguiente cortadas las cabeças, de quien ay larga memoria en la Crónica deste Príncipe, y en los escritores de aquel tiempo.

El año de mil quinientos y veinte y vno viendo Francisco, Rey de Francia, rebueltos estos Reynos, y llenos de guerras ciuiles y calamidades con el ausencia deste Príncipe y glorioso Emperador, acordó de entrar vn poderoso exército de sus gentes a contemplación suya contra el Reyno de Nauarra, y por su General a Monsiur Desparroso, que fácilmente se fue apoderando de aquel Reyno, hallando en él poca resistencia, porque Don Antonio Manrique de Lara, Duque de Nájera, Virrey deste Reyno, auía embiado toda la gente de guarnición que auía en él a los Gouernadores de Castilla para la dicha batalla de Villalar. Y luego que los Gouernadores supieron que el exército Francés tenía apretada y sitiada la ciudad de Logroño, acudieron con toda la gente que pudieron, haziendo retirar al enemigo, siendo su caudillo y Capitán General el Duque Don Beltrán, llegando con ella a la ciudad de Estella, de la qual salía vn esquadrón de gentes de armas Francesas, que se yuan a juntar con las que estauan en Pamplona, a los quales arremetió el Duque Don Beltrán, diziendo a los suyos, '¡Primos caualleros! ¡Oy auemos de mostrar el esfuerço de la gente Castellana, cada vno haga lo que yo hiziere!' Fue la batalla muy reñida, y en ella herido el Duque Don Beltrán, aunque no de peligro, alcançando la victoria de los Franceses, boluieron al campo de los Gouernadores con muchos despojos.

Después desto, el año de veintidós, boluió el Rey de Francia a embiar vn poderoso exército, con el qual se apoderó de Fuenterrabia, poniendo en ella de guarnición tres mil Gascones. Por lo qual, viendo los Gouernadores el gran peligro en que estaua puesta la prouincia de Guipúzcoa, embiaron por Lugarteniente de Capitán General della al sobredicho Don Beltrán de la Cueua, que en este tiempo aun no auía heredado la casa y Estados de su padre, encargándole también la villa de San Sebastián, donde hizo mucho y grandes seruicios al Emperador

Don Carlos, venciendo y destroçando en batalla al exército Francés. Después de lo qual, auiendo heredado, y sucedido al Duque su padre en sus Estados, se halló en seruicio del César en los Estados de Flandes y en las pazes que se assentaron con Henrique, Rey de Inglaterra, para hazer guerra a Francisco, Rey de Francia, el qual fue Generalíssimo del exército Inglés en aquella facción contra el Francés, haziendo en todo hechos de famoso Capitán, ganándole a Bolonia y otras plaças y fuerças. De lo qual el Rey Inglés fue muy contento, y el Duque Don Beltrán muy pagado y amado de los caualleros Ingleses. Y después de auerse hallado en estas jornadas, fue proueído por Virrey Lugarteniente de Capitán General del Reyno de Aragón, donde dio tan buena cuenta, que el año de mil quinientos y veinticinco fue proueído por Virrey y Capitán General del Reyno de Nauarra, donde hizo vna entrada en tierra del Rey Francés con las gentes de todos los presidios, y de la de Guipúzcoa, cuyo Capitán General y Alcaide de Fuenterrabia era en este tiempo Don Diego de Caruajal, señor de las villas de Iódar y Tobaruela, que oy gozan de título de Marqués sus decendientes, juntándose ambos Generales en San Iuan de Luz, lo ganaron, y destruyeron toda aquella tierra. Y después destas victorias vino el Duque Don Beltrán a la ciudad de Toledo, que estaua en ella la Corte, donde falleció el año de mil quinientos y cincuenta y nueue, auiendo sido casado con la Duquesa Doña Isabel Girón, hija de Don Iuan Téllez Girón, Conde de Vreña, y de la Condesa Doña Leonor de Velasco su mujer.

APÉNDICE II
Desafío entre Jerónimo de Ansa y Pedro de Torrellas (Diciembre, 1522)

(Fray Prudencio de Sandoval, *Historia de la vida y hechos del Emperador Carlos V*, ed. Carlos Seco Serrano, Biblioteca de Autores Españoles, LXXX–LXXXII [Madrid: Rivadeneira, 1955], 3 vols, II, 15a–18b)

Fue notable un desafío que último de deciembre deste año de 1522 hubo entre dos caballeros principales en Valladolid, que por escribirlo Ponte Heuterio, flamenco, por digno de memoria lo pondré aquí.[1]

Y dice que un caballero flamenco que servía al Emperador y se halló al certamen o duelo se lo había escrito en lengua francesa. Cuya historia y ceremonias quiso este autor poner en su libro, porque se vea la costumbre que en estos duelos había entre los españoles; y el lector con este cuento descanse algo de los enfados pasados y recree el ánimo.

Dos caballeros nobles naturales de Zaragoza, de tan poca edad que no pasaban de veinte y cinco años, deudos por casamientos que hubo entre sus pasados, y entre sí ellos grandes amigos, y que familiarmente se trataban, en el juego de la pelota hubieron palabras tan pesadas, que llegaron a romper malamente y se desafiaron para matarse el uno al otro.

Aplazaron el día y la hora, señalando el lugar y las armas para la pelea sin que nadie los entendiese. El uno se llamaba don Pedro de Torrellas; el otro, don Jerónimo de Ansa.

Salieron fuera de la villa al campo que habían señalado con solas capas y espadas, y llegados al lugar echaron mano y comenzaron a acuchillarse sin que nadie los viese.

Gran rato anduvieron así usando cada uno de lo que de la espada sabía por matar al otro y defender su vida, sin poderse herir, porque ambos eran diestros.

O por desgracia o por cansancio y flaqueza del brazo, se le cayó la espada al Torrellas de la mano. Viéndose sin armas y que el contrario con ellas le venía a matar, dijo: 'Don Jerónimo, yo me doy por vencido y muerto por vuestras manos; lo que os pido es que nadie sepa lo que aquí ha pasado, sino que con perpetuo silencio quede entre los dos secreto. Y si no, matadme aquí luego, que más quiero morir que vivir con ignominia'. Juró a Dios don Jerónimo de Ansa que guardaría secreto y que hombre humano de su boca no lo sabría.

Con esto, volviendo las espadas a las vainas, se abrazaron como buenos amigos y volviéronse a la villa.

De allí a algunos días fue pública esta pendencia y el suceso de ella, de manera que no se hablaba en la corte de otra cosa. Reíanlo y mofaban algunos caballeros mozos. Quejóse Torrellas del Ansa que no le había guardado la palabra, y Ansa negaba y juraba que de la boca no le había salido, sino que un clérigo, cura de una aldea, que

---

1 Ponte Heuterus Delficis (1535–1602), *Rerum Belgicarum libri quindecim, quibus describuntur pace belloque gesta a pricipibus austriacis in Belgio, nempe, Maxaemiliano, primo caesare, Philippo, primo Castellae rege, Carolo, quinto caesare, Philippo, secundo Hispaniarum rege* (Amberes: M. Nutii, 1598), lib. VIII, págs 395–9.

había salido al campo a ver su ganado, los vio reñir y oyó lo que entre ellos había pasado, y éste lo había contado y dicho a otros.

Procuró Torrellas saber del clérigo lo que había visto y oído, y halló que no concertaba, y que desvariaba en lo que decía; y supo que era muy amigo y apasionado del Ansa, y por esto no dio crédito a lo que dijo.

Y insistió en cargar al Ansa, diciendo que era un fementido y que había faltado en la palabra que como noble debía guardar. Ansa se descargaba y decía que no era ansí. Y como ambos estuviesen en esto, finalmente se desafiaron para pelear.

Pidieron campo al Emperador. Dieron sus peticiones, suplicando que conforme a los fueros de Aragón y leyes antiguas de Castilla, Su Majestad les diese licencia para pelear y les señalase el campo y armas para ello. El Emperador lo remitió al condestable de Castilla,[2] porque a él, como capitán del reino y justicia mayor, en las cosas de armas le tocaba esto.

Procuró el condestable apartarlos de esta contienda, mas nada bastó; y porque conforme a las leyes del reino no se les podía negar el campo, señalóles que fuese la pelea en la plaza de Valladolid. Otros dicen que en un campo junto a San Pablo.

Y a 29 de diciembre deste año hicieron una estacada en la plaza de cincuenta pasos en largo y treinta y seis en ancho. Estaban las estacas espesas y trabadas, cinco pies levantadas de la tierra. Y en otro orden de estacas que habían, estaban seis. Y entre estos dos órdenes de estacas había un espacio de diez y ocho pies, y en medio se hacía una plazuela como una era; y en ella estaban dos tabladillos, uno enfrente de otro, que cogían la plazuela en medio.

En uno de estos tablados, ricamente adornado con paños de oro y seda, estaba una muy rica silla y su alfombra de seda y oro, y sobre la silla un dosel de brocado. La una era para el Emperador; la otra, para el condestable. A los otros dos lados, como en cruz, estaban dos tabladillos o tronos, uno enfrente de otro, adornados pero no tan ricos como los otros dos; estos eran para los parientes y amigos de los dos que habían de pelear.

A los lados destos dos tronos o tablados estaban a cada uno una tienda, en la cual se había de armar el caballero de la batalla. La plaza y campo de la pelea estaba muy bien empedrado y cubierto de arena para que no resbalasen.

Habíanles señalado la hora de las once para la pelea.

El primero que vino fue el Emperador y se puso en su trono.

---

2 Don Íñigo Fernández de Velasco, Duque de Frías y Condestable de Castilla. Fue Condestable desde 1512 hasta su muerte en 1528.

Diéronle en la mano una vara de oro, para que cuando Su Majestad quisiese que se acabase la pelea la arrojase en la plaza. Iban delante del Emperador los caballeros de su casa y grandes de la corte y embajadores de príncipes con todos los de su guarda. Detrás iban los trompetas y añafiles y atambores de guerra. De allí a poco vino el condestable, cuyas canas autorizaban mucho su persona, porque ya era de más de sesenta años, si bien de entera salud y brío y de tan buen talle que mostraba bien quien era. Traía vestida una ropa larga de tela de oro sobre un hermoso caballo español ricamente enjaezado. Acompañábanle cuarenta caballeros nobles vestidos de la misma manera, a pie delante de su caballo. Seguíanle sus escribanos a caballo, vestidos todos de paños negros de seda, y los caballos con cubiertas de sarga de color azul escuro. Llevaban delante del condestable, como de capitán general del reino y justicia mayor, una espada metida en la vaina (porque estaba el rey presente). Luego seguía al que llevaba la espada, el heraldo o rey de armas con la cota de armas vestida de la casa de los Velascos, que esto se tomó en España de las costumbres y usos antiguos de los romanos en semejantes desafíos y empresas de armas.

Como llegó el condestable a la plaza, en llegando al trono donde el Emperador estaba le hizo una gran reverencia, y hecha se volvió al trono o sitial que para él estaba aparejado, y sentóse en la silla. La guarda toda del Emperador de a pie y de a caballo cercaron la empalizada sin dejar llegar a alguno.

Luego salió don Pedro de Torrellas, el desafiador, acompañado de su rey de armas. Era su padrino el almirante de Castilla.[3] Acompañábanle el duque de Béjar,[4] el duque de Alburquerque y otros muchos varones ilustres. Iba vestido corto de oro y seda, aforrado en martas. Llevaban delante de él una hacha de armas con un estoque y rodela en que iban pintadas sus armas y las demás armas con que había de pelear. Traía fijada en la rodela el cartel en que estaban escritas las condiciones del duelo. Púsose ante el Emperador, y hecha la reverencia volvió adonde estaba el condestable, y hízole su acatamiento, y con esto se fue a su tienda.

Luego entró en la plaza Jerónimo de Ansa, el desafiado por Torrellas, vestido de la misma manera, sino que el aforro de los vestidos era de armiños. Acompañábanle su heraldo o rey de armas. Llevó por padrino al marqués de Brandemburg. Acompañábanle el

3 Don Fadrique Enríquez de Cabrera. Era el cuarto almirante de su familia. Murió en 1538.
4 Don Álvaro de Zúñiga, segundo Duque de Béjar. Murió en 1531.

duque de Nájera, y el duque de Alba[5] y el conde de Benavente,[6] el marqués de Aguilar[7] y otros muchos grandes caballeros. Llevaban delante las armas y insignias de su casa—como dije—de Torrellas. Hecha la reverencia al Emperador y el acatamiento al condestable, se fue a su tienda.

Trajeron luego las armas y escudos y insignias militares con que habían de pelear, y colgáronlas ante el condestable. Luego llamó el condestable a los dos caballeros combatientes, y teniendo un sacerdote el misal en las manos, juraron sobre él a Dios y a los Santos Evangelios y en la que tocaron, que entraban en aquella pelea por la defensa de su honra, y que era justa la causa que les movía y no otra cosa, y que no harían mala guerra peleando con fraude, ni se aprovecharían de hechizos ni otra mala arte, ni de yerbas ni de piedras, sino que pelearían lisa y llanamente con aquellas armas, aprovechándose de sus fuerzas y destreza de sus cuerpos, esperando el favor de Dios, de San Jorge y de Santa María, en quien confiaban, que habían de mirar por su justicia.

Luego cada uno de los padrinos trajo en una arca cerradas las armas ante el condestable.

El condestable las miró y mandó pesar, así las espadas y hachas de armas, como los arneses y celadas que se habían de poner. Luego las mandó poner en un peso, porque no habían de pesar las unas más que las otras ni podían tener menos de sesenta libras las armas de entrambos.[8]

Y hecho esto, llevaron a cada caballero sus armas.

Y luego fue a cada una de las partes un caballero a ver cómo cada cual se armaba, porque estuviese cada uno seguro que no se ponía más de las que el juez había dado. El caballero que iba a requerir y mirar las armas, era del bando contrario.

5 El margrave Joaquín II de Brandenburgo, y también Don Antonio Manrique de Lara, segundo Duque de Nájera, y Don Fadrique Alvarez de Toledo, segundo Duque de Alba, ingresaron en la Orden del Tusón gracias al Emperador en Bruselas, año de 1516 (Sandoval, III, 172b–174a).

6 Don Juan Alonso Pimentel, quinto Conde de Benavente. Huelga decir, suponiendo que el Conde de Benavente sea un representante típico de los caballeros de su generación, que poseía una biblioteca impresionante en la que destaca la proliferación de manuales de caballería y libros devocionales. Véase Isabel Beceiro Pita, 'Los libros que pertenecieron a los Condes de Benavente, entre 1434 y 1530', *Hispania*, XLIII (1983), 237–80.

7 Don Pedro Manrique, Marqués de Aguilar de Campóo.

8 La práctica de pesar las armas para mantener el equilibrio entre los contrincantes era habitual en las justas organizadas. En los desafíos desorganizados el desequilibrio entre las armas podría llevar a consecuencias fatales. Véase el caso de un caballero francés que no sólo sufrió una derrota vergonzosa sino que también fue muerto por Diego García de Paredes en Ravenna en el año 1533: 'Sobre este combate se revolvió un capitán francés conmigo porque le maté dos hermanos suyos en el

Hecho esto, bajó el condestable de su silla a la plaza, y con mucha autoridad mandó poner en orden todas las cosas. Luego, acompañado con doce caballeros se puso en un ángulo de la plaza frontero de donde él estaba. En cada uno de los otros dos ángulos puso cada tres caballeros.

Luego tocaron las trompetas, y el pregonero mayor del Emperador, puesto en cada uno de los cantones de la plaza, pregonó diciendo: 'Manda el rey y su condestable que mientras aquellos caballeros pelearen, ninguno, so pena de la vida, levante ruido ni dé ánimo a los contendientes con palabra o voz ni movimiento, ni silbo, ni señal con la cabeza o mano, o con algún semblante del cuerpo, o en otra cualquier manera ayude o espante, anime o desanime o distraya o le encienda en cólera, o le haga tomar o dejar las armas, salvo aquellos que para esto son señalados'.

Dados los pregones, salió Torrellas de su tienda armado de todas armas y acompañado de su padrino. Traía en la mano un hacha de armas antiguas, y a su lado ceñida la espada. Preguntóle el condestable: '¿Quién sois, caballero, y por qué causa habéis entrado armado en esta plaza?'

Respondió quién era, y dijo la causa de su contienda, que quería determinar por armas.

Mandóle el condestable levantar la celada y descubrir el rostro, y conocido, lo admitió.

Volvió a calar la celada y mandóle poner en una parte de la plaza, donde los tres caballeros que estaban en guarda le tomaron en medio. Luego fue el condestable a la parte donde estaban los doce caballeros y sentóse entre ellos.

Salió don Jerónimo de Ansa de su tienda, de la manera que su contrario, armado y acompañado; y fue donde estaba el condestable,

---

campo, y combatimos en medio de los dos campos armados de hombres de armas con unas porras de hierro que yo saqué. En viendo el francés la pesadumbre de ellas, hechó la suya en el campo no pudiéndola bien mandar y echó mano a un estoque y vino a mí, pensando que tampoco pudiera mandar la porra. Dióme una estocada por entre la escarcela e hirióme, y yo le di luego con la porra sobre el almete y se le hundí en la cabeza, de que cayó muerto' (Diego García de Paredes, *Chrónica del Gran Capitán, Gonzalo Hernández de Córdoba y Aguilar*, en *Crónicas del Gran Capitán*, ed. Antonio Rodríguez Villa, Nueva Biblioteca de Autores Españoles, X [Madrid: Bailly– Baillière, 1908], 1–259, en la pág. 257b). Cf. también Francisco López de Gómara, *Annales del Emperador Carlos Quinto*, ed. Roger Bigelow Merriman (Oxford: Clarendon Press, 1912), 227. Véase también Alfonso X: 'non tan solamente conuiene a los Caualleros de ser sabidores para traer tales armaduras, e armas, como dicho auemos; mas aun que sepan armarse dellas bien, e ayna, de guisa que ellos se apoderen de las armas, e non sean ellas apoderadas dellos' (*Las Siete Partidas*, en *Códigos Españoles*, vols 2–5 [Madrid: Rivadeneyra, 1848], *Segunda Partida*, Título XXIII, Ley viii [II, 497a]).

y lo recibió y usó con él de las mismas ceremonias que había hecho con Torrellas y le mandó poner en la otra parte de la plaza, frontero de su contrario, entre los otros tres caballeros que allí estaban.

Luego se fue el condestable a su tablado y sentóse en la silla.

De allí a poco volvió a sonar la trompeta, y los caballeros que habían de pelear y los padrinos con ellos, se hincaron de rodillas y hicieron oración a Dios implorando su ayuda; y hecha, los padrinos abrazaron cada uno a su caballero, dándole ánimo para que pelease como quien era; y despidiéndose de ellos, se volvieron a las tiendas.

Tocaron la trompeta, que era ya la señal de la pelea, y el Torrellas comenzó a caminar para su contrario animosamente. Arrancó también con buen semblante Ansa, si bien con paso más sosegado. Como se juntaron, a los primeros golpes hirió Torrellas a Ansa tan reciamente en la cabeza, que le hizo volver algo atrás aturdido. Volvió Ansa sobre sí y recudió sobre Torrellas con otros golpes semejantes.

Pelearon desta manera animosamente un buen rato, y abrazándose o asiéndose el uno del otro, se dieron a manteniente grandes golpes.

Quebradas las hachas, comenzaron a luchar a brazo partido.

Y viendo el Emperador cuán buenos y valientes caballeros eran, y que era lástima que ambos o el uno muriese en batalla tan sin fruto, pareciéndole que los caballeros habían hecho su deber, volviendo por la reputación de su honra, arrojó la vara dorada que en la mano tenía en medio de la plaza, en señal de que Su Majestad quería que cesase la pelea.

Al punto acudieron treinta caballeros que guardaban la plaza y los apartaron, si bien con dificultad, porque el uno contra el otro estaban encarnizados y con deseo de matarse, y comenzaron a dar voces y porfiar, queriendo cada uno para sí la honra y la vitoria.

El Emperador determinó la causa, juzgando que ambos caballeros habían peleado muy bien y satisfecho a su reputación y honra, y que ninguno había vencido al otro.

Con esto el condestable bajó a la plaza y tomó con mucha reverencia la vara dorada que estaba en tierra, besándola y poniéndola sobre su cabeza, hincándose de rodillas ante el Emperador, y besándose la mano le dio la vara.

Mandóle el Emperador que hiciese amigos aquellos dos caballeros, y se lo mandase de su parte, que ambos habían peleado valerosamente y hecho su deber como tales, y ansí los estimaba y tendría siempre por valientes y esforzados caballeros, y quería que de allí adelante fuesen muy buenos y verdaderos amigos; que mejor era que sus fuerzas y armas las ejecutasen en enemigos de la fe, donde se ganaría tanta honra, y sería la pelea con más seguridad de las conciencias.

Estuvieron tan duros los caballeros en no querer hacer lo que el Emperador les mandaba, sino porfiar que habían de acabar la pelea, que enfadado el condestable los echó de la plaza, saliendo cada uno por la puerta que había entrado, y les puso grandes penas si tomasen las armas el uno contra el otro.

El Emperador, enfadado de su dureza y mal miramiento, los puso en sendas fortalezas, donde estuvieron muchos días presos, hasta que cansados de la prisión se hicieron amigos y dieron seguridad. Mas nunca lo fueron de corazón; y así acabaron las vidas necia y apasionadamente, que son condiciones de los pundonores humanos.

APÉNDICE III
Luis Zapata, *Del Justador*
(escrito entre 1582 y 1593)

(Luis Zapata, *Miscelánea*, en *Memorial Histórico Español: Colección de Documentos, Opúsculos y Antigüedades*, XI [Madrid: Real Academia Española, 1859], 212–18)

El justador ha de tener lo primero buen caballo, aunque parezca esto al juego de los muchachos; y el caballo ha de ser grande, ancho y fuerte, espeso, que por muchos encuentros no se resabian ni cansan. De la color no me empacho, porque cubiertos de sedas e de brocados, no se echa de ver la color de un caballo como paseando; mas aunque sea para ruar,[1] la color es lo menos que hace al caso, aunque dicen que en un año se parecen el caballo y su amo, y por eso sería bien y por el contento que fuese de buena color el caballo, más que para justas.[2] En el pisar ha de ser muy soberbio y muy gallardo, que a la entrada parezca que no cabe en toda la plaça; que entre como señor del campo, abiertas las narices y bufando. Que después se arrime muy bien a la tela, y que esté a ella muy quieto y muy sosegado; que parta muy seguro y no de tranco,[3] y que corra con gran furia y muy menudo sobre los pies, y tan llano que se pudiese llevar a manera de decir una taza llena de agua en la mano; que pare bien y no sobre los braços.

Son muy fuertes y muy hermosos los ruzios rodados[4] y tordillos, castaños oscuros, bayos y alazanos tostados,[5] aunque estos suelen ser de malas bocas y a muchas carreras se les calientan y no paran. El caballo no ha de pensar parar ni ha de ser menester que le vayan

---

1 Ruar] 'Passear la calle, cortejando y sirviendo a las damas especialmente' (*Dicc. Aut.*).

2 Véase sin embargo Hernán Chacón, *Tractado de la cauallería de la gineta* (Sevilla: Cristóbal Álvarez, 1551): 'assí en mis cauallos como en los agenos me paresçe que los castaños y ruçios por la mayor parte son los mejores y más naturales de boca y caxcos, y para más trabajo, porque los blancos naturalmente no tienen bocas ni caxcos, y los morzillos son cortos de vista e rixosos e tristes. Los houeros son muy tiernos de bocas y caxcos y de todo lo demás; los alazanos son ardientes de boca por la mayor parte, assí que yo tengo por las mejores colores de todas los castaños y ruçios, aunque los vayos naturalmente son floxos. Y de los castaños los mejores son de color de castaña, y que tenga las cañas muy negras y la cola gorda y muy poblada, y assí mismo las crines muy pobladas y calçado de los dos pies o del vno y con vna estrella en la frente, y en las manos no tenga ningún blanco. El ruçio ha de tener y ser escuro azul, que buelua en rodado y con gruessa cola y muchas crines' (aiii^r-aiii^v).

3 Tranco] 'El passo largo o salto que se da echando un pie adelante, dexando el otro atrás' (*Dicc. Aut.*).

4 Ruzios rodados] 'El caballo de color pardo claro que comúnmente se llama tordo: y se dice rodado quando sobre su piel aparecen a la vista ciertas ondas o ruedas formadas de su pelo' (*Dicc. Aut.*).

5 Alazanos tostados] 'Dícese con propriedad de los caballos para denotar el color del pelo en los que le tienen roxo. El alazán es uno de los colores simples que divide la Albeitería en alazán boyuno u dorado, alazán tostado, alazán claro y alazán roano, cuyas diferencias se refieren a lo más o menos subido del color del pelo, que en las demás bestias se llama roxo' (Dicc. Aut.). Véase también el refrán: Alazán tostado antes muerto que cansado, 'que explica lo fuertes que son los caballos de este color y lo incansables que son en el trabajo' (*Dicc. Aut.*).

perneando,[6] que es gran fealdad ir haldeando[7] en un hombre de armas como milano a la dormida, como ir coleando el caballo, sino que al partir le toquen una vez las espuelas, y otra en medio de la carrera, como quien le acuerda el correr, y al parar otra, si quieren que pare redoblando.

Los pies ha de llevar el caballero iguales, como cuando un hombre anda, y un poco las puntas a fuera, porque si las llevase, como decían los del tiempo viejo, adentro mal podría picar y dar de las espuelas al caballo.

Las armas han de ser nuevas, porque también como todas las cosas se envejecen, como una capa y un sayo.

Las armas doradas y justas a la persona, y ellas de tal manera entre sí, que unas y otras ajusten, donde una con otra junta; y porque no suenen ni chapeen, con cuero delgado del envés estofadas. Porque es gran deslustre a un justador irle las armas como calderas sonando, o como un armado de monumento. La çelada[8] no muy picuda,[9] que parece gallo; ni muy fea, ni muy roma, que parece mochuelo;[10] sino de hermosa proporción y talle, estofada por de dentro, porque no suenen los encuentros, y bridada la cabeça, que es con un doblez de la misma estofa de tafetán u de raso, que tome un poco de la frente con dos cintas; apretada la cabeça hacia el colodrillo[11] de la celada, porque con el vaibien[12] del encuentro no llegue la celada a la cara. La vista[13] segura y pequeña, y pegada a los ojos, porque junto a ella se vea todo cuanto hay, y para el peligro guárdeos Dios que no entre raja,[14] que si entra, no hace al caso para matar que entre un dedo menos u más.[15] El peto un poco salido a fuera en justa proporción,

6 Pernear] 'Mover violentamente las piernas' (*Dicc. Aut.*).

7 Haldear] 'Andar de prisa las personas que tienen faldas' (*Dicc. Aut.*).

8 Çelada] Sinónimo de yelmo.

9 Picuda] 'Lo que tiene pico' (*Dicc. Aut.*), refiriéndose, desde luego, a la visera.

10 Mochuelo] 'Ave del tamaño de la paloma casera. Tiene la cabeza redonda, semejante a la del búho' (*Dicc. Aut.*).

11 Colodrillo] 'La parte posterior de la cabeza' (*Dicc. Aut.*).

12 Vaibien] Es decir, el vaivén.

13 Vista] Visera. Véase Quijada l. 82n.

14 Raja] 'La hastilla que se corta de algún leño' (*Dicc. Aut.*).

15 Véase la siguiente descripción de un accidente horripilante que ocurrió durante el Paso honroso. Sorprende no solamente por la suerte que tuvo el caballero herido sino también por su reacción: 'A las dos carreras encontró Rodrigo Quijada a Diego de Bazán por la vista del almete, çerca del ojo izquierdo, e rompió su lança en él, e quedóle en la vista un pedaço del asta con el fierro fasta quatro dedos. E todos pensaron que era mal ferido de muerte, e tocóle con el fierro por çerca del ojo, e fízole sangre, e plugo a Dios que non ge lo quebró. E como se sintió ferido Diego de Bazán echó mano del asta con el fierro por la sacar, e non pudo, e dixo: Non es nada, non es nada; como quiera que tomó muy gran revés' (Pero Rodríguez de Lena, *El passo honroso de Suero de Quiñones*, ed. Amancio Labandeira Fernández [Madrid: Fundación Universitaria Española, 1977], 265).

para que pueda el justador alentar. La tarjeta[16] pequeña y de buen talle, que hace a los hombres galanes; los braçales no anchos; la coraça[17] y el talle más alto que los huesos de los cuadriles, y que no le toquen las armas, que matarían en los lados. De braçales[18] y grevas[19] chicas las rodajas; los escarpes[20] no puntiagudos ni anchos como zapatos de alemanes, sino romos como una bota; y nadie juste sin arnés de piernas, porque parece cazador, y no justador el caballero que no va todo armado, y es bueno y conveniente para no topar con los pies en la tela y contra tela y quebrárselos, y para entrar seguro entre las coçes de otros caballos. En la pierna derecha no quixote[21] entero, sino medio, para asentar bien la lança; la arandela[22] no muy cuba, ni muy plana, ni muy chica, sino un medio, que es donde la virtud está.

El ristre,[23] en que consiste la mayor parte del bien justar, si muy bajo hácense mil calados[24] con la lança y dánse mil encuentros feos; si muy alto, no se puede enristrar[25] bien. Ni para encontrar conviene bajar mucho la lança, sino el medio antes dicho, y antes un poco alto el ristre que bajo, y no muy adelante en el peto ni muy atrás.

Los vestidos y paramentos galanes, ricos y bizarros;[26] las divisas hermosas, discretas, nuevas, y a las personas y casos acomodadas. Los sayetes,[27] si largo el caballero, largos, si pequeño cortos, si mediano en proporción razonable.

16 Tarjeta] 'Tarja pequeña en sentido de escudo. Tómase regularmente por la que se saca en las fiestas públicas por rodela, en que va pintada la divisa o empresa del Caballero' (*Dicc. Aut.*). Véase también Martínez: 'Tarja pequeña o pieza de refuerzo que se colocaba comúnmente en la parte izquierda y superior del peto, especialmente en los torneos'.

17 Coraça] 'Pieza importantísima de la antigua armadura, a la cual se le ha dado también el nombre de coselete . . . Compónese de peto y espaldar' (Martínez). Véase también el estudio fundamental de François Buttin, 'La lance et l'arrêt de cuirasse', *Archaeologia*, XCIX (1965), 77–178.

18 Braçales] Véase Quijada l. 87n.

19 Grevas] Véase Quijada l.79n.

20 Escarpes] Véase Quijada l. 82n.

21 Quixote] Véase Quijada l. 83n.

22 Arandela] Véase Quijada l. 138n.

23 Ristre] Véase Quijada l. 66n.

24 Calados] Es decir, 'caladas'. Véase Quijada l. 67n.

25 Enristrar] Véase Quijada l. 65n.

26 Bizarros] 'Gallardo, lleno de noble espíritu, lozanía y valor' (*Dicc. Aut.*).

27 Sayetes] 'El sayo pequeño y corto' (*Dicc. Aut.*). Estaban en boga en el siglo XVI. Véase Alonso de Ercilla, *La Araucana*, ed. Marcos A. Morínigo e Isaías Lerner (Madrid: Castalia, 1983), 2 vols:

> 'Tienen fuertes y dobles coseletes,
> arma común a todos los soldados,
> y otros a la manera de sayetes,
> que son, aunque modernos, más usados;'
> (Canto I, Octava 21, pág. 133).

La silla, si es largo de piernas el caballero, larga de ropa, porque no parezca çanquivano;[28] si es corto, corta la ropa, porque el caballero no parezca más grande en igual proporción, y al justo de la corva,[29] remediando la falta, como dicen: 'que donde falta natura obre pintura', como cuando un navío se acuesta a un lado es el seso acostarse los navegantes a la parte contraria, y por eso es buen carguío el de los caballos, porque es esto lo que hace buen asiento. La silla no ancha, porque iría el caballero espernacado;[30] no echada detrás, porque iría echado atrás, muy feo y mal puesto y aparejado para derribarle, sino que caiga en ella el hombre derecho, como en sus propios pies. Andar con un poco de asiento para el descanso, y no tan sobre el arçón[31] delantero que el hombre como maleta se vaya adelante. En fin, la postura del caballero consiste en la silla; en mala silla no puede ir bien puesto por ningún caso. Las lanças han de ser cortas, gruesas, tiestas[32] y livianas, que ser muy recias y fuertes no sirve de nada; deslómanse los caballos, desconciértanse los caballeros y quiébranse las manos; y tener mucha madera es (como aquellos bestiales indios de Arauco)[33] más que de caballeros y reyes, de ganapanes; que diferente es el entendimiento y virtud para gobernar que es ser uno para príncipe, que no como acémila buena de carga, diciéndose el peso que un rey tiene a cuestas por metáfora. La lança de pino, porque de fresno u de haya para justar (que al fin es burla) entre amigos sería la burla[34] muy pesada, y para enemigos de las otras.

La tela ha de ser de ciento y cincuenta pasos, bien larga, que el buen hombre de armas hará mil lindezas con la lança, y el malo mil fealdades.

Agora el cómo se ha de justar, dígalo quien lo sabe. Citara yo aquí a grandes maestros de este arte, mas mi *Carlo Famoso* los dice bien a

---

28 Çanquivano] 'El que tiene las piernas largas y casi sin pantorrillas' (*Dicc. Aut.*).

29 Corva] 'La parte de la pierna posterior a la rodilla' (*Dicc. Aut.*).

30 Espernacar] 'Abrirse de piernas' (*DRAE*, s. v. espernancarse).

31 Arçón] Véase Quijada l. 29n.

32 Tiesto] 'Tieso'. Véase Quijada l. 158n.

33 Cf. Ercilla, *La Araucana*:
'Fue con solene pompa referido
el orden de los precios y el primero
era un lustroso alfanje guarnecido
por mano artificiosa de platero;
este premio fue allí constituido
para aquel que con brazo más entero
tirase una fornida y gruesa lanza,
sobrando a los demás en la pujanza'.
(Canto X, Octava 15, págs. 321).

34 Burla] En el sentido de juego, festividad.

la larga.[35] Sólo diré lo que he oído y visto a grandes caballeros en esto muy hábiles, como el moço del cirujano que cura a falta de quien lo haga, aunque yo en esto (quiérolo decir) he sido de los más ejercitados y venturosos de España.

El justador ha de estar y pasear por la tela puesto sobre los estribos, y no sentado en la silla, ni encojidas las piernas como gallina asada, sino derecho y estacado; y la medida de los estribos ha de ser que quepa entre el asiento del caballero y la silla una mano, porque si va larga, va feo y flojo y desgraciado. Pues partiendo sobre los estribos, después que ve que el contrario se anda para partir, meneando de las espuelas a su caballo, salga muy inhiesto, la lança en cuja,[36] cargado el cuerpo un poco sobre la lança y con mucha disimulación; con tanta fuerza sobre ella, que como yo del mucho uso tenga en el muslo saltada la sangre del cuento de la lança, y llevando la lança un poco en cuja, en asentando el curso el caballo, sáquela retorciéndola alta, y póngala con un repulgo,[37] y más arriba torciendo la mano con buen aire en el ristre, y con otro la requiera,[38] y poco a poco siga la raya, bajando sin calada.[39] Y para no hacer caladas, aprovecha, como he dicho, el ristre un poco alto, que no se abraza el brazo con la lança; y aprovecha también para que con facilidad, sin hacer desdén, barreando, le salga la lança de la mano, aunque el barrear se debe de excusar, porque es de las cosas feas que en el caso pasan. Pues bajando poco a poco, ha de acabar de bajar al punto que llega al encuentro al contrario.

Otros hay que bajan de golpe, que llaman pescar; esto no lo apruebo, porque mil veces se yerra el encuentro y se da en el contrario y en la tela palos, y se encuentran la tela y el caballo, y se hacen otros encuentros feos muy desgraciados. Lo que parece muy bien es volverse un poco el cuerpo al encuentro, que se dan mucho mayores y da buena gracia; que cualquiera cosa que menee un hombre armado parece bien, puesto que semeja vivo aquel cuerpo fantástico, y que no es todo hierro. Esto hacía galanamente el señalado caballero Don Diego de Córdoba, que se sacudía muy graciosamente con las armas,

35 *Carlo Famoso De don Luys Çapata, a la C. R. M. Del Rey Don Phelippe Segvndo Nvestro Señor. A Gloria y Honrra De nuestro Señor, so protectión y correctión de la sancta madre Yglesia* (Valencia: Juan Mey, 1566). Es un poema épico de 50 cantos consagrado a recordar las hazañas de Carlos V. El canto 13 incluye una referencia al desafío entre Jerónimo de Ansa y Pedro de Torrellas. Véase Luis Zapata, *Carlo Famoso*, ed. facsímil de Manuel Terrón Albarrán (Badajoz: Institución Pedro de Valencia, 1981).

36 Cuja] Véase Quijada l. 93n.

37 Repulgo] 'Movimiento violento del cuerpo, salto u corcovo que se da para expeler de sí u arrojar alguna cosa' (*Dicc. Aut.*, s. v. repullo).

38 Requerir] Véase Quijada l. 88n.

39 Calada] Véase Quijada l. 90n.

con la loçanía que se sacude un halcón en el aire. Mas de postura en la silla ninguno de los hombres al rey Felipe,[40] mi amo, hizo ventaja; no quebraba muchas lanças, porque esto es más que certeza, caso.

Pasado el encuentro, ha de tornar a la cuja el cabo de lança, y luego echarle sin daño de los circunstantes. Luego correr otra y otra sin parar, de manera que tan presto corra como vuelva; mas esto ha de ser quebrando la lança, porque si fuese una y otra sin quebrarla, antes sería cosa de risa y embarazar[41] la tela sin hacer nada, y le podrían decir que es justar mal y porfiar. Si se desalentare el justador por correr muchas carreras con el sabor de justar, hase de apartar a un aparte con achaque de que le alargue o acorte el estribo un lacayo, u que el padrino u el armero le apriete la llave, como que lleva desguarnecido algo, como hacen los músicos que, cuando están cansados u no se les acuerda qué decir, encomienzan a templar. Lo que no hice yo en una justa partida, una vez, en la folla[42] del parque de Bruselas, en Flandes, que me aparté a una parte de haber corrido muchas carreras, tan desalentado, que estando echado sobre el arzón de mi caballo me llegó Don Francisco de Mendoça, hijo del marqués de Mondéjar, con mandado del Emperador nuestro señor, a decir que justase, que se perdía mi parte que iba de ganancia, lo que yo no pude obedecer en gran rato, como dicen que no le obedeció una vez un caballero justando, que pensando que lo hacía de cortés el no encontrar a su Magestad, le envió muy de veras a mandar que le encontrase, y el caballero le respondió que no podía encontrarle, y que juraba a Dios que no deseaba por entonces otra cosa más.

Las follas son muy agradables, que se ven quebrar muchas lanzas, y el que la corriere ha de encontrar a uno y a otro hasta que no le quede sino la empuñadura y el cabo de la lança, y hasta el último fin de

---

40 Felipe II (1556–1598).

41 Embarazar] 'Impedir, detener, retardar, y en cierto modo suspender lo que se va a hacer o se está executando' (*Dicc. Aut.*).

42 Folla] 'Lance del torneo que se executa después de haver torneado cada uno con el mantenedor, dividiéndose en dos quadrillas y arremetiendo unos contra otros se hieren, tirándose tajos y reveses sin orden ni concierto, de modo que parece estar fuera de sí' (*Dicc. Aut.*). Cf. la reacción general cuando Carlos V llegó a intentar participar en una folla después de unos torneos que se celebraron en Valladolid en 1518: 'Voluntiers se fust le Roy retiré aux tentes, pour courir à la foulle; mais les princes et grans maistres du royaulme luy desconsillièrent, en disant qu'il se devoit contenter, et que la fortune luy estoit myeulx venue que à souhaidier, et qu'il n'apertient pas à ung tel prince de soy trouver en nulles telles foulles, et principalle-ment en faict de joustes, où n'y a ordre ne raison, mais tout plain de périlz aparans, aveucq peu de proffit ne d'honneur' (Laurent Vital, *Premier Voyage de Charles-Quint en Espagne, de 1517 à 1518*, en *Collection des Voyages des Souverains des Pays-Bas*, ed. MM. Gachard y Piot [Bruselas: F. Hayez, 1881], 217).

la carrera no ha de sacar del ristre el cabo, porque por allí no le entre ningún encuentro, hallando sin arandela desarmada aquella parte.

Y si perdiere la lança por barrear, y por haberla en la folla acabado, vuelva atrás el braço y pase así la carrera, porque no se la quiebren y hagan pedaços.

Por eso las justas partidas son muy agradables, porque lo que la gente ama es ver quebrar a priesa muchas lanças, y en la mantenida no se puede esto hacer, porque a cada carrera es menester esperar cómo se han de oír a justicia las partes.

Así que el justar bien consiste, si es un hombre de buen entendimiento y no maníaco, en buen caballo y buenas armas; y las armas en tres cosas: bien concertadas, bien puesto el ristre, que cumple para el encontrar y llevar buenas lanças; bien hecha la silla para la postura del cuerpo, y la vista de las armas bien concertada para ver lo que se hace.

Hay justa de guerra y de targeta y de regocijos, que todo entra debajo de unos mismos casos.

APÉNDICE IV

Tratados Militares del Renacimiento Español: 1524–1600 (Libros impresos)

Armas y armadura

Carranza, Jerónimo, *Philosophía de las armas, y de su destreza y de la agresión y defensión christiana* (Ciudad de Sanlúcar de Barrameda: Jerónimo de Carranza, 1582).

Miranda Villafañe, Francisco, *Diálogo de la Phantástica Philosophía, de los tres en un compuesto, de las Letras y Armas y del Honor, donde se contienen varios y apazibles subjectos* (Salamanca: Herederos de Mathías Gast, 1582).

Pacheco de Narváez, Luis, *Libro de las grandezas de la espada. En que se declaran muchos secretos del que compuso el Comendador Gerónimo de Carrança. En el qual se podrá licionar y deprender a solas, sin tener necessidad de Maestro que le enseñe* (Madrid: Los herederos de Iuan Íñiguez de Lequerica, 1600).

Artillería

Alava y Viamont [Beaumont], Diego de, *El perfecto Capitán instruído en la disciplina militar, y Nueva ciencia de la Artillería* (Madrid: Pedro de Madrigal, 1590).

Collado, Luis, *Plática Manual de Artillería. En la qual se tracta de la excelencia de el arte militar y origen de ella y de las máquinas con que los antiguos començaron a usarla, de la invención de la pólvora y artillería, de el modo de conduzirla y plantarla en qualquier empresa, fabricar las minas para bolar las fortalezas y montañas, fuegos artificiales, varios secretos al arte de la Artillería muy necessarios, y a la fin un examen de Artilleros* (Milán: Pablo Gotardo Poncio, 1592).

Isla, Lázaro de la, *Breve tratado del arte de artillería, geometría y artificios de fuego* (Madrid: La viuda de Pedro Madrigal, 1595).

Muñoz, Andrés, *Ilustración y Regimiento para que los Marineros sepan usar de la Artillería con la seguridad que conviene* (¿Sevilla?: s. i., 1563).

Doctrina y arte militar

Álvarez de Baeza, Antonio, *Tractado sobre la ley de Partida, de lo que son obligados a hacer los buenos Alcaydes que tienen a su cargo Fortalezas y Castillos fuertes* (Valladolid: Francisco Fernández de Córdoba, 1558).

Carrión Pardo, Juan de, *Tratado cómo se deven formar las quatro esquadrones en que milita Nuestra nación española. En el qual se hallarán cosas muy curiosas tocantes al origen de las Armas* (Lisboa: Antonio Álvarez, 1595).

Díaz Tanco de Fregenal, Vasco, *Libro intitulado Palinodia, de la nephanda y fiera nación de los Turcos y de su engañoso arte y cruel modo de guerrear, y de los imperios, reynos y provincias que han subjectado y poseen con inquieta ferocidad* (Orense: Vasco Díaz Tanco de Fregenal, 1547).

Edicto y ordenança sobre el govierno de la gente de guerra y disciplina militar decretada por el Cardenal, Archiduque de Austria (Bruselas: Roger Velpius, 1596).

Edicto y ordenança sobre los desafíos, llamamientos y duelos (Bruselas: Roger Velpius, 1597).

Eguiluz, Martín de, *Milicia, discurso y regla militar* (Madrid: Luis Sánchez, 1592).

———, *Milicia, discurso y regla militar*, 2ª ed. (Amberes: Pedro Bellero, 1595).

Escalante, Bernardino de, *Diálogos del arte militar* (Sevilla: Andrea Pescioni, 1583).

———, *Diálogos del arte militar*, 2ª ed. (Bruselas: Rutger Velpio, 1588). [reimpr. 1595]

Francisco, Antonio, *Avisos para soldados y gente de guerra* (Madrid: Pedro Madrigal, 1590).

———, *Avisos para soldados*, 2ª ed. (Bruselas: Roger Velpius, 1597).

Funes, Juan de, *Libro intitulado Arte Militar. En el qual se declara que sea el oficio de Sargento Mayor y que sea orden quebrada, y cómo se ha de caminar con una compañía de Infantería o con un tercio o exército, dónde ha de yr la artillería, bagajes y carruajes, con otros avisos necesarios al dicho officio* (Pamplona: Thomás Porralis, 1582).

García de Palacio, Diego, *Diálogos militares de la formación e información de personas, instrumentos y cosas necesarias para el buen uso de la guerra* (México: Pedro Ocharte, 1583).

Gracián de Alderete, Diego, *De Re Militari. Primero Volumen. Onosandro Platónico, De las calidades y partes que ha de tener un Excelente Capitán General, y de su oficio y cargo. Traduzido de griego en castellano por el Secretario Diego Gracián. Segundo Volumen. César renovado, que son las observaciones militares, avisos y ardides de guerra que usó César. Tercero, Quarto y Quinto Volumen. Disciplina militar y instrucción, de los hechos y cosas de guerra, de Langeay. Donde se muestra la forma y la manera para hazer gente y soldados en un reyno, y cómo se deben exercitar para servirse de ellos en todo tiempo y lugar, y las cosas que un Capitán General ha de saber para hacer bien la guerra y vencer sus enemigos, y las leyes y costumbres que a de aver entre* los soldados, y todo lo que concierne al uso de la guerra. *Traduzido del francés al castellano por el mismo* (Barcelona: Claudio Bornat, 1566).

Gutiérrez de la Vega, Luis, *Nuevo tratado y compendio de re militari* (Medina del Campo: Francisco del Canto, 1569).

Isabá, Marcos de, *Cuerpo enfermo de la milicia española, con discursos y avisos, para que puede ser curado, útiles y de provecho* (Madrid: Guillermo Druy, 1594).

Leugim, Francisco, *Breve recopilación de los tratados de Don Sancho de Londoño, y de otros autores graves acerca de lo que se usa agora en el arte militar* (Valencia: Pedro Patricio, 1596).

Londoño, Sancho de, *Discurso sobre la forma de reduzir la disciplina militar a mejor y antiguo estado* (Bruselas: Roger Velpius, 1589). [reimpr. 1590, 1593, 1596]

López de Palacios Rubio, Juan, *Tractado del esfuerço béllico heroyco* (Salamanca: Gaspar de Rossinolis, 1524).

Mendoza, Bernardino de, *Theórica y práctica de guerra* (Madrid: Viuda de Pedro Madrigal, 1595).

——, *Theórica y práctica de guerra*, 2ª ed. (Amberes: Emprenta Plantiniana, 1596).

Montes, Diego, *Instruçión y regimiento de guerra* (Zaragoza: George Coci, 1537).

Mosquera de Figueroa, Cristóbal, *Comentario en breve compendio de disciplina militar. En que se escrive la jornada de las islas de los Açores* (Madrid: Luis Sánchez, 1596).

Núñez Alba, Diego, *Diálogos de la vida del soldado. En que se quenta la conjuración y pacificación de Alemaña con todas las batallas, recuentros y escaramuças que en ella acontecieron en los años de mill quinientos y quarenta y seys* (Salamanca: Andrea de Portonaris, 1552).

——, *Diálogos de la vida del soldado. En que se quenta la conjuración y pacificación de Alemaña con todas las batallas, recuentros y escaramuças que en ella acontecieron en los años de 1546 y 1547, y juntamente se descrive la Vida del Soldado*, 2ª ed. (Cuenca: Juan Alfonso de Tapia, 1589).

Pedrosa, Francisco de, *Libro primo del arte y suplimento re militar, conpuesto y sacado de muchas ystorias modernas & antiguas y de muchos precetores de melicia antiguos y modernos, ansí griegos como latinos* (Nápoles: Maestro Iuan Sultzbach Alemán, 1541).

Pérez del Castillo, Baltasar, *Los discursos de la religión, castramentación, assiento del campo, baños y ejercicios de los antiguos griegos y romanos* (León de Françia: Guillermo Rovillio, 1579).

Pérez de Herrera, Cristóbal, *Discurso décimo y último al Rey Don*

Felipe nuestro señor, del exercicio y amparo de la milicia destos Reynos (Madrid: s. i., 1598).

Pozzo, París del, *Libro llamado batalla de dos, compuesto por el generoso París de Puteo, doctor en leyes, que trata de batallas particulares, de reyes emperadores, príncipes, y de todo estado de cavalleros y d'hombres de guerra. En el qual se contiene el modo del desafío, y gaje de batalla, y concordar paz, y de casos acaescientes y sentencias con razón y exemplos de poetas, ystorió-graphos, legistas, canonistas, eclesiásticos. Obra muy provechosa a todo espíritu noble. Traduzido d'lengua toscana en nuestro vulgar castellano* (Sevilla: Dominico de Robertis, 1544).

Salazar, Diego de, *Tratado de re militari. Tratado de la cavallería hecho a manera de diálogo que passó entre los illustríssimos señores Don Gonçalo Fernández de Córdova, llamado Gran Capitán, Duque de Sessa, &c. y Don Pedro Manrique de Lara, Duque de Náxara. En el qual se contienen muchos ejemplos de grandes Príncipes y Señores, y excelentes avisos, y figuras de guerra muy provechoso para Cavalleros, Capitanes y Soldados* ([Alcalá]: Miguel de Eguía, 1536).

————, *Tratado de re militari hecho a manera de diálogo que passó entre los illustréssimos señores Don Gonçalo Fernández de Córdova, llamado Gran Capitán, Duque de Sessa, &c. y Don Pedro Manrique de Lara, Duque de Náxara. En el qual se contienen muchos ejemplos de grandes Príncipes y Señores, y excelentes avisos, y figuras de guerra muy provechoso para Cavalleros, Capitanes y Soldados*, 2ª ed. (Bruselas: Roger Velpius, 1590).

Scarión de Pavía, Bartolomé, *Doctrina Militar. En la qual se trata de los principios y causas por qué fue hallada en el mundo la Milicia, y cómo con razón y justa causa fue hallada de los hombres y fue oprobada de Dios. Y después se va de grado en grado descurriendo de las obligaciones y advertencias que han de saber y tener todos los que siguen la soldadesca, començando del Capitán General hasta el menor soldado, por muy visoño que sea* (Lisboa: Pedro Craesbeeck, 1598).

Sosa, Francisco, *Del arte cómo se ha de pelear contra los Turcos y como defendiéndonos dellos se ha de rematar su potencia* (Medina del Campo: s. i., 1549).

Valdés, Francisco de, *Diálogo Militar. En el qual se trata del oficio del Sargento Mayor* (Madrid: Pedro Madrigal, 1590).

————, *Diálogo Militar. En el qual se trata del oficio del Sargento Mayor*, 2ª ed. (Madrid: Guillermo Droy, 1591).

————, *Espejo y disciplina militar. En el qual se trata del oficio del Sargento Mayor. Con el discurso sobre la forma de reduzir la disciplina militar a mejor y antiguo estado, por Don Sancho de*

Londoño, Maestre del Campo (Bruselas: Roger Velpius, 1586). [reimpr. 1589, 1590, 1596]

Valle de la Cerda, Luis, *Avisos en materia de estado y guerra, para oprimir rebeliones y hazer pazes con enemigos armados o tratar con súbditos rebeldes* (Madrid: Pedro Madrigal, 1599).

Vargas Machuca, Bernardo de, *Milicia y descripción de las Indias* (Madrid: Pedro Madrigal, 1599).

Ximénez de Urrea, Jerónimo, *Diálogo de la verdadera Honrra Militar, que tracta cómo se ha de conformar la Honrra con la Conscientia* (Venecia: Ioan Grifo, 1566).

——, *Diálogo de la verdadera Honra Militar, que tracta cómo se ha de conformar la Honra con la Conscientia*, 2ª ed. (Madrid: Martín Abarca de Bolea, 1575).

Equitación

Aguilar, Pedro de, *Tractado de la cavallería de la gineta* (Sevilla: Hernando Díaz, 1572).

——, *Tratado de la cavallería de la gineta*, 2ª ed. (Málaga: Iuan Rene, 1600).

Arias Dávila Puertocarrero, Juan, *Discurso para estar a la Gineta con gracia y hermosura* (Madrid: Pedro Madrigal, 1590).

Chacón, Hernán, *Tractado de la cavallería de la gineta* (Sevilla: Cristóbal Álvarez, 1551).

Fernández de Andrada, Pedro, *De la naturaleza del cavallo. En que están recopiladas todas las grandezas juntamente con el orden que se ha de guardar en el hazer de las castas y criar de los Potros, y cómo se han de domar y enseñar buenas costumbres y el modo de enfrenarlos y castigarlos de sus vicios y siniestros* (Sevilla: Fernando Díaz, 1580).

——, *Libro de la gineta de España* (Sevilla: Alonso de la Barrera, 1599).

Grisón, Federico, *Reglas de la Cavallería de la Brida, y para conocer la complessión y naturaleza de los cavallos, y doctrinarlos para la guerra y servicio de los hombres, con diversas suertes de frenos*, trad. Antonio Flórez de Benavides (Baeza: Iuan Baptista de Montoya, 1568).

Mançanas, Eugenio, *Libro de enfrenamientos de la gineta* (Toledo: Francisco de Guzmán, 1570).

——, *Libro de enfrenamientos de la gineta*, 2a ed. (Toledo: Juan Rodríguez, 1583).

Quixada de Reayo, Juan, *Doctrina del arte de la cavallería* (Medina del Campo: Pedro de Castro, 1548).

Suárez Peralta, Juan, *Tractado de la cavallería de la Gineta y Brida* (Sevilla: Fernando Díaz, 1580).

Vargas Machuca, Bernardo de, *Libros de Exercicios de la Gineta* (Madrid: Pedro Madrigal, 1600).

Fortificación

González de Medina Barba, Diego, *Examen de fortificación* (Madrid: Licenciado Varez de Castro, 1599).

Rojas, Cristóbal de, *Teoría y práctica de fortificación, conforme las medidas y defensas destos tiempos, repartida en tres partes* (Madrid: Luis Sánchez, 1598).

Miscelánea
(Datos incompletos y/o paradero actual desconocido)

Fúcar, Pablo del, *Ballestas, mosquetes y arcabuces* (Nápoles: s. i., 1535).

Garrido y Figueroa, Luis, *El libro del soldado* (Venecia: s. i., 1592).

Roca, Bernardino, *Empresas, estratagemas y errores militares* (s. l.: s. i., 1566).

Román, Francisco, *Tratado de la esgrima* (Sevilla: Bartolomé Pérez, 1532).

Suárez de Figueroa, Lorenzo, *Reglas de la Milicia, escritas en italiano por Antonio Cornazzano y traducidas en versos endecasílabos castellanos* (Venecia: s. i., 1558).

Guías bibliográficas

Almirante, José, *Bibliografía militar de España* (Madrid: Manuel Tello, 1876).

Barado, Francisco, *Literatura Militar Española* (Barcelona: Tipografía La Academia, 1890).

Cañizo Gómez, J. 'Libros antiguos españoles sobre caballos y equitación', *Boletín Bibliográfico Agrícola*, IV (1948), 133–38.

Cockle, Maurice J. D., *A Bibliography of English Military Books up to 1642 and of Contemporary Foreign Works*, 2ª ed. (Londres: Holland Press, 1957).

Diana, Manuel Juan, *Capitanes Ilustres y Revista de Libros Militares* (Madrid: J. A. Ortigosa, 1851).

Guijarro, Javier, 'Bibliografía selecta y tentadora de la literatura caballeresca', *Ínsula*, núms 584–585 (agosto-septiembre 1995), 23–25.

Hale, J. R., 'A Checklist of Books of Military Interest Printed in Venice, 1492–1570', *Renaissance War Studies* (Londres: The Hambledon Press, 1983), 461–68.

———, 'A Newberry Library Supplement to the Foreign Books in M. J. D. Cockle's *A Bibliography of English Military Books up to 1642 and of Contemporary Foreign Works*', *Papers of the Bibliograhpical Society of America*, LV (1961), 137–39.

Herrera Gómez, Néstor, y Silvino M. González, *Apuntes para una bibliografía militar de México, 1536–1936* (México, D. F.: Sección de Estudios Militares del Ateneo, 1937).

Huth, F. H., *Works on Horses and Equitation. A Bibliographical Record of Hippology* (Londres: Bernard Quaritch, 1887).

Leguina, Enrique de, *Bibliografía e Historia de la Esgrima Española* (Madrid: Imprenta Fortanet, 1904).

Marqués de la Torrecilla, *Libros, escritos o tratados de equitación, jineta, brida, albeitería, etc. Índice de bibliografía hípica española y portuguesa* (Madrid: Rivadeneyra, 1916–1921).

Menessier de la Lance, Général, *Essai de bibliographie hippique*, (París: Lucien Dorbon, 1915–1917), 2 vols.

Palau Claveras, Agustín, *Bibliografía hispánica de veterinaria y equitación anterior a 1901* (Madrid: Imprenta Industrial, S. A., 1973).

Picatoste Rodríguez, Felipe, *Apuntes para una Biblioteca Científica Española del siglo XVI* (Madrid: Manuel Tello, 1891).

Riling, Ray, *Guns and Shooting. A Selected Chronological Bibliography* (Nueva York: Greenberg, 1951).

Salvá y Mallén, Pedro, *Colección de libros de Arte Militar, Esgrima, Gineta, Tauromaquia, Veterinaria, Cetrería y Caza (Separata de su Catálogo General)* (Valencia: Imprenta de Ferrer de Orga, 1872).

Spauldin, Thomas M., 'Cockle, Maurice J. D. *A Bibliography of English Military Books up to 1642 and of Contemporary Foreign Works . . .*, London, 1900. Additions and Corrections', *Papers of the Bibliographical Society of America*, XXXIV (1940), 186.

BIBLIOGRAFÍA

Agustín, *Confessiones*, ed. M. Skutella (Stuttgart: Teubner, 1969).

Alenda y Mira, Jenaro, *Relaciones de solemnidades y fiestas públicas de España* (Madrid: Rivadeneyra, 1903), 2 vols.

Alfonso X, *Las Siete Partidas*, en *Códigos Españoles* (Madrid: Rivadeneyra, 1848), vols 2–5.

Almirante, José, *Diccionario militar etimológico, histórico, tecnológico* (Madrid: Imprenta y Litografía del Depósito de la Guerra, 1869).

Alvar, Carlos, 'Traducciones francesas en el siglo XV: el caso del *Árbol de batallas* de Honoré Bouvet', *Miscellanea di Studi in onore di Aurelio Roncaglia a cinquant'anni dalla sua laurea* (Módena: Mucchi, 1989), 25–34.

Anglo, Sydney, 'How to Win at Tournaments: The Technique of Chivalric Combat', *Antiquaries Journal*, LXVIII, (1988), No. 2, 248–64.

———, 'Jousting—the Earliest Treatises', *Livrustkammaren. Journal of the Royal Armoury* (1991–1992), 3–23.

———, '*Le Jeu de la Hache*. A Fifteenth-Century Treatise on the Technique of Chivalric Axe Combat', *Archaeologia*, CIX (1991), 113–28.

Avalle-Arce, Juan Bautista, ed., *Las memorias de Gonzalo Fernández de Oviedo* (Chapel Hill: University of North Carolina Press, 1974), 2 vols.

Ávila y Zúñiga, Luis de, *Comentario de la Guerra de Alemania hecha por Carlos V, Máximo Emperador Romano, Rey de España, en el año de 1546 y 1547*, en *Historiadores de sucesos particulares*, ed. Cayetano Rosell, Biblioteca de Autores Españoles, XXI (Madrid: Rivadeneira, 1946), 409–49.

Beceiro Pita, Isabel, 'Los libros que pertenecieron a los Condes de Benavente, entre 1434 y 1530', *Hispania*, XLIII (1983), 237–80.

Bennett, Matthew, '*La Règle du Temple* as a Military Manual or How to Deliver a Cavalry Charge', en *The Rule of the Templars*, ed. J. M. Upton-Ward (Woodbridge: Boydell & Brewer, 1992), 175–88.

Boulton, D'Arcy Jonathan Dacre, *The Knights of the Crown: The Monarchical Orders of Knighthood in Later Medieval Europe, 1325–1520* (Nueva York: St Martin's Press, 1987).

Bouvet, Honoré, *L'Arbre des batailles*, ed. Ernest Nys (Bruselas y Leipzig: Librairie Européenne C. Muquardt, 1883).

Buttin, François, 'La lance et l'arrêt de cuirasse', *Archaeologia*, XCIX (1965), 77–178.

Cabanellas de Torres, Guillermo, *Diccionario militar aeronáutico, naval y terrestre* (Buenos Aires: Bibliográfica Omeba, 1961), 4 vols.

Cartagena, Alfonso de, '*Discurso pronunciado en el Concilio de Basilea acerca del derecho de precedencia del Rey de Castilla sobre el Rey de Inglaterra*, ed. P. Francisco Blanco García', *La Ciudad de Dios*, XXXV (1894), 122–29, 211–17, 337–53, 523–42.

Ceballos-Escalera y Gila, Alfonso, *La orden y divisa de la Banda Real de Castilla* (Madrid: Prensa y Ediciones Iberoamericanas, 1993).

Cejador y Frauca, Julio, *Vocabulario medieval castellano* (Madrid: Editorial Hernando, 1929).

Cervantes Saavedra, Miguel de, *El ingenioso hidalgo Don Quijote de la Mancha*, ed. Luis Andrés Murillo (Madrid: Castalia, 1982), 3 vols.

Corominas, Joan, y J. A. Pascual, *Diccionario crítico etimológico castellano e hispánico* (Madrid: Gredos, 1980), 6 vols.

Correas, Gonzalo, *Vocabulario de refranes y frases proverbiales* (Madrid: Tip. de la Revista de Archivos, Bibliotecas y Museos, 1924).

Covarrubias Horozco, Sebastián de, *Tesoro de la Lengua Castellana o Española*, ed. Martín de Riquer (Barcelona: S. A. Horta I. E., 1943).

Chacón, Hernán, *Tractado de la cauallería de la gineta*, ed. facsímil (Madrid: Bibliófilos Madrileños, 1950).

Daumet, Georges, 'L'Ordre castillan de l'Écharpe (Banda)', *Bulletin Hispanique*, XXV (1923), 5–32.

Deyermond, Alan, 'The Lost Genre of Medieval Spanish Literature', *Hispanic Review*, XLIII (1975), 231–59.

Díaz de Games, Gutierre, *El Victorial*, ed. Rafael Beltrán Llavador (Madrid: Taurus, 1994).

Diccionario de Autoridades, ed. facsímil (Madrid: Gredos, 1964).

Diccionario de la Real Academia Española (Madrid: Real Academia Española, 1970).

Duby, Georges, *The Chivalrous Society*, trad. Cynthia Postan (Berkeley: University of California Press, 1980).

Ercilla, Alonso de, *La Araucana*, ed. Marcos A. Morínigo e Isaías Lerner (Madrid: Castalia, 1983), 2 vols.

Fallows, Noel, *The Chivalric Vision of Alfonso de Cartagena: Study and Edition of the 'Doctrinal de los caualleros'* (Newark, DE: Juan de la Cuesta, 1995).

——, 'Un debate caballeresco del Renacimiento español: "caballeros estradiotes" y "caballeros jinetes" ', *Ínsula*, núms 584–585 (agosto-septiembre 1995), 15–17.

Faulhaber, Charles B., *Bibliography of Old Spanish Texts* (Madison: Hispanic Seminary of Medieval Studies, 1984).

Fernández de Andrada, Pedro, *De la naturaleza del cavallo* (Sevilla: Fernando Díaz, 1580).

García de Paredes, Diego, *Chrónica del Gran Capitán, Gonzalo Hernández de Córdoba y Aguilar*, en *Crónicas del Gran Capitán*, ed. Antonio Rodríguez Villa, Nueva Biblioteca de Autores Españoles, X (Madrid: Bailly-Baillière, 1908), 1–259.

García de Santa María, Alvar, *Crónica de Juan II de Castilla*, ed. Juan de Mata Carriazo (Madrid: Real Academia de la Historia, 1982).

Gilbert, Creighton, 'When Did a Man in the Renaissance Grow Old?', *Studies in the Renaissance*, XIV (1967), 7–32.

Gillmor, Caroll, 'Practical Chivalry: The Training of Horses for Tournaments and Warfare', *Studies in Medieval and Renaissance History*, New Series, XIII (1992), 5–29.

Godefroy, Frédéric, *Dictionnaire de l'Ancienne langue française* (París: Librairie des Sciences et des Arts, 1937–1938), 10 vols.

Gómez Moreno, Ángel, 'La caballería como tema en la literatura medieval española: tratados teóricos', *Homenaje a Pedro Sáinz Rodríguez* (Madrid: Fundación Universitaria Española, 1986), 2 vols, II, 311–23.

Hesse, José, *El deporte en el Siglo de Oro* (Madrid: Taurus, 1967).

Huarte, Amalio, ed., *Relaciones de los reinados de Carlos V y Felipe II* (Madrid: Sociedad de Bibliófilos Españoles, 1941–1950), 2 vols.

Jones, Peter N., 'The Metallography and Relative Effectiveness of Arrowheads and Armor during the Middle Ages', *Materials Characterization*, XXIX (1992), 111–17.

Juan Manuel, *Libro del cauallero et del escudero*, en *Obras completas*, ed. José Manuel Blecua (Madrid: Gredos, 1982), 2 vols, I, 35–116.

——, *Libro de los Estados*, ed. R. B. Tate e I. R. MacPherson (Oxford: Clarendon Press, 1974).

——, *Libro de las armas*, en *Obras completas*, ed. José Manuel Blecua (Madrid: Gredos, 1982), 2 vols, I, 117–40.

Leguina, Enrique de, *Glosario de voces de armería* (Madrid: Felipe Rodríguez, 1912).

——, *Torneos, jinetes, rieptos y desafíos* (Madrid: Fernando Fe, 1904).

López de Gómara, Francisco, *Annales del Emperador Carlos Quinto*, ed. Roger Bigelow Merriman (Oxford: Clarendon Press, 1912).

López de Haro, Alonso, *Nobiliario Genealógico de los Reyes y Títulos de España* (Madrid: Luis Sánchez, 1622), 2 vols.

Llull, Ramon, *Llibre de l'Orde de Cavalleria*, ed. Marina Gustà (Barcelona: Edicions 62, 1981).

Maldonado, Alonso de, *Hechos de Don Alonso de Monroy, Clavero y Maestre de la Orden de Alcántara*, en *Memorial Histórico Español: Colección de Documentos, Opúsculos y Antigüedades*, VI (Madrid: Real Academia de la Historia, 1853), 7–110.

Marqués de la Torrecilla, *Libros, escritos o tratados de equitación, jineta, brida, albeitería, etc. Índice de bibliografía hípica española y portuguesa* (Madrid: Rivadeneyra, 1916–1921).

Martínez del Romero, A., *Glosario*, en *Catálogo de la Real Armería*, ed. Joaquín Fernández de Córdoba (Madrid: Aguado, 1854).

Martorell, Joanot, y Marti Joan de Galba, *Tirant lo Blanc*, ed. J. M. Capdevila i de Balanzó (Barcelona: Els Nostres Classics, 1926), 5 vols.

Mexía, Pedro, *Historia del Emperador Carlos V*, ed. Juan de Mata Carriazo, *Colección de Crónicas Españolas*, VII (Madrid: Espasa-Calpe, 1945).

Padilla, Lorenzo de, *Crónica de Felipe I llamado el hermoso*, ed. Miguel Salvá y Pedro Sainz de Baranda, *Colección de Documentos Inéditos para la Historia de España*, VIII (Madrid: Imprenta de la Viuda de Calero, 1846).

Palau y Dulcet, Antonio, *Manual del librero hispanoamericano* (Barcelona: Librería Palau, 1948–1977), 28 vols.

Palencia, Alonso de, *Crónica de Enrique IV*, ed. Antonio Paz y Meliá, Biblioteca de Autores Españoles, CCLVII (Madrid: Rivadeneira, 1973).

Pérez de Guzmán, Fernán, *Generaciones y semblanzas*, ed. Robert Brian Tate (Londres: Tamesis, 1965).

Pérez Gómez, Antonio, ed. *Pliegos sueltos sobre el Emperador Carlos Quinto*, Opúsculos Literarios Rarísimos, XII–XIII (Valencia: Duque y Marqués, 1958), 2 vols.

Pérez Pastor, Cristóbal, *La imprenta en Medina del Campo* (Madrid: Rivadeneyra, 1895).

Piel, Joseph M., ed. *Livro da ensinança de bem cavalgar toda sela que fez El-Rey Dom Eduarte de Portugal e do Algarve e Senhor de Ceuta* (Lisboa: Livraria Bertrand, 1944).

Ponç de Menaguerra, *Lo Cavaller*, en *Tractats de Cavalleria*, ed. Pere Bohigas (Barcelona: Barcino, 1947), 176–95.

Pulgar, Hernando del, *Crónica de los Señores Reyes Católicos Don Fernando y Doña Isabel de Castilla y de Aragón*, en *Crónicas de los Reyes de Castilla, III*, ed. Cayetano Rosell, Biblioteca de Autores Españoles, LXX (Madrid: Rivadeneira, 1953), 223–511.

Rico, Francisco, *El pequeño mundo del hombre. Varia fortuna de una idea en la cultura española* (Madrid: Alianza, 1988).

Riquer, Martín de, *Caballeros andantes españoles* (Madrid: Espasa-Calpe, 1967).

——, *Cavalleria fra Realtà e Letteratura nel Quattrocento* (Bari: Adriatica Editrice, 1970).

Rodríguez de Lena, Pero, *El Passo Honroso de Suero de Quiñones*, ed. Amancio Labandeira Fernández (Madrid: Fundación Universitaria Española, 1977).

Rodríguez Velasco, Jesús D., *El debate sobre la caballería en el siglo XV. La tratadística caballeresca castellana en su marco europeo* (Valladolid: Junta de Castilla y León, en prensa).

Rodríguez Villa, Antonio, *Bosquejo biográfico de Don Beltrán de la Cueva, Primer Duque de Alburquerqu*e (Madrid: Luis Navarro, 1881).

Ruiz-Domènec, José Enrique, 'El torneo como espectáculo en la España de los siglos XV–XVI', *La civiltà del torneo (sec. XII–XVII). Giostre e tornei tra medioevo ed età moderna. Atti del VII convegno di studio, Narni, 14–15–16 ottobre, 1988* (Narni: Centro Studi Storici, 1990), 159–93.

Sachs, Georg, ed. *El libro de los caballos. Tratado de albeitería del siglo XIII*, *Revista de Filología Española*, Anejo XXIII (Madrid: C. Bermejo, 1936).

Sandoval, Fray Prudencio de, *Historia de la vida y hechos del Emperador Carlos V*, ed. Carlos Seco Serrano, Biblioteca de Autores Españoles, LXXX–LXXXII (Madrid: Rivadeneira, 1955), 3 vols.

Santa Cruz, Alonso de, *Crónica del Emperador Carlos V*, ed. Ricardo Beltrán y Rózpide y Antonio Blázquez y Delgado-Aguilera (Madrid: Imprenta de Huérfanos de Intendencia e Intervención Militar, 1920–1925), 5 vols.

Suárez Peralta, Juan, *Tractado de la cavallería de la gineta y Brida* (Sevilla: Fernando Díaz, 1580).

Torre, Lucas de, 'Enrique de Villena. *El libro de la guerra*', *Revue Hispanique*, XXXVIII (1916), 497–531.

Tuchman, Barbara W., *A Distant Mirror: The Calamitous 14th Century* (Nueva York: Ballantine, 1978).

Vale, Malcolm, *War and Chivalry. Warfare and Aristocratic Culture in England, France and Burgundy at the End of the Middle Ages* (Athens, GA: University of Georgia Press, 1981).

Valera, Mosén Diego de, *Espejo de verdadera nobleza*, en *Prosistas castellanos del siglo XV*, ed. Mario Penna, Biblioteca de Autores Españoles, CXVI (Madrid: Rivadeneira, 1959), 89–116.

——, *Tratado de las armas*, en *Prosistas castellanos del siglo XV*, ed. Mario Penna, Biblioteca de Autores Españoles, CXVI (Madrid: Rivadeneira, 1959), 117–39.

Villanueva, Lorenzo Tadeo, 'Memoria sobre la orden de caballería de la Banda de Castilla', *Boletín de la Real Academia de la Historia*, LXXII (1918), 436–65, 552–74.

Vital, Laurent, *Premier Voyage de Charles-Quint en Espagne, de 1517 a 1518*, en *Collection des Voyages des Souverains des Pays-Bas*, ed. MM. Gachard y Piot (Bruselas: F. Hayez, 1881).

Zapata, Luis, *Carlo Famoso*, ed. Manuel Terrón Albarrán (Badajoz: Institución Pedro de Valencia, 1981).

——, *Miscelánea*, en *Memorial Histórico Español: Colección de Documentos, Opúsculos y Antigüedades*, XI (Madrid: Real Academia de la Historia, 1859).

ÍNDICE ALFABÉTICO